3 MINUTE

EINSTEIN

Digesting His Life, Theories, and Influence in 3-minute Morsels

3分鐘讀懂愛因斯坦

進入愛因斯坦人生、理論、影響的時空相對論

保羅・派森（Paul Parsons）◆ 著
楊琬晴 ◆ 譯

3 MINUTE

EINSTEIN

Digesting His Life, Theories, and Influence in 3-minute Morsels

3分鐘讀懂愛因斯坦

進入愛因斯坦人生、理論、影響的時空相對論

保羅・派森（Paul Parsons）◆著
楊琬晴◆譯

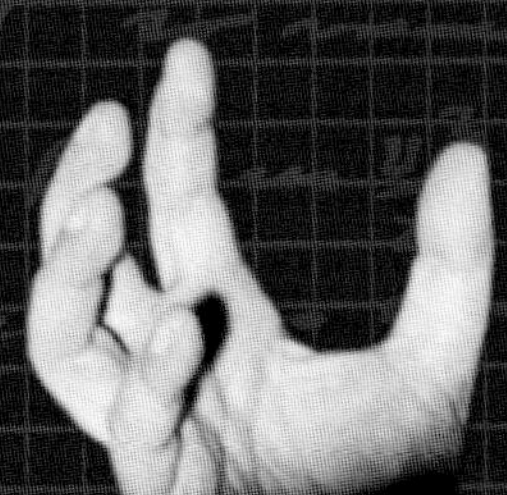

國家圖書館出版品預行編目(CIP)資料

3分鐘讀懂愛因斯坦 : 進入愛因斯坦人生、理論、影響的時空相對論
/ 保羅.派森(Paul Parson)著 ; 楊琬晴譯. – 初版. – 臺北市 : 積木文化
出版 : 家庭傳媒城邦分公司發行, 民104.07
面 ;　公分
譯自 : 3-minute Einstein : degesting his wife, theories, and lnfluence
in 3-minute morsels
ISBN 978-986-459-002-5(精裝)

1.愛因斯坦(Einstein, Albert, 1879-1955) 2.傳記 3.相對論
331.2　　104011518

VX0039
3分鐘讀懂愛因斯坦：進入愛因斯坦人生、理論、影響的時空相對論

原書名　3-minute Einstein: Digesting His Life, Theories, and Influence in 3-minute Morsels
著者　保羅・派森（Paul Parson）
譯者　楊琬晴

總編輯　王秀婷
主編　洪淑暖
責任編輯　魏嘉儀
版權　向艷宇
行銷業務　黃明雪、陳彥儒

發行人　涂玉雲
出版　積木文化
104台北市民生東路二段141號5樓
官方部落格：http://cubepress.com.tw/
電話：(02) 2500-7696　傳真：(02) 2500-1953
讀者服務信箱：service_cube@hmg.com.tw
發行　英屬蓋曼群島商家庭傳媒股份有限公司城邦分公司
台北市民生東路二段141號2樓
讀者服務專線：(02)25007718-9　24小時傳真專線：(02)25001990-1
服務時間：週一至週五上午09:30-12:00、下午13:30-17:00
郵撥：19863813　戶名：書蟲股份有限公司
網站：城邦讀書花園　網址：www.cite.com.tw
香港發行所　城邦（香港）出版集團有限公司
香港灣仔駱克道193號東超商業中心1樓
電話：852-25086231　傳真：852-25789337
電子信箱：hkcite@biznetvigator.com
馬新發行所　城邦（馬新）出版集團
Cite (M) Sdn Bhd
41, Jalan Radin Anum, Bandar Baru Sri Petaling,
57000 Kuala Lumpur, Malaysia.
Tel: (603) 90578822　Fax:(603) 90576622
email:cite@cite.com.my

封面設計　李俊輝
內頁編製　Melody

2017年（民106）3月7日 初版二刷
售價　NT$420
ISBN　978-986-4950-02-5

目錄 Contents

Chapter 02 愛因斯坦的理論

Chapter 03 愛因斯坦的影響

前言
Foreword

相信幾乎每個人都聽過愛因斯坦（Albert Einstein），但真的理解他偉大理論究竟在說些什麼的人，實在很少。在這寥寥可數的人當中，本書作者保羅 · 派森就是其中一員，他更在本書中找到了讓大家理解愛因斯坦理論的好方法，曾在學校為了數學苦惱的我們也不必緊張，這是一本每個人都能輕鬆閱讀的書。派森不僅把愛因斯坦的故事分成了容易消化的獨立片段，還同時保有科學的完整原貌，讀者不再需要為了更接近理論核心，而強迫自己面對一頁又一頁的長篇文字。

本書以兩個有名的相對論主張為主軸（或許你會很驚訝，相對論竟然不只一個），清楚地描述了時間如何在運動中被收縮膨脹，以及空間如何被重力影響而扭曲。而那些較不為人所知的理論也沒有被忽略，我們得以從中窺探這偉大的心靈如何推動科技進步。我們可以看到愛因斯坦如何促成雷射的發明、如何取得一種特殊冷凍機的專利、怎麼證明原子的存在，又是如何在晚年投身於當時剛起步的「萬有理論」——這樣的前瞻性引領了後來五十年的物理研究方向。

最讓人感到驚奇的是，在愛因斯坦達成許多後人望其項背的成就同時，他的私生活其實並不平靜。尚未結婚的學生時期愛因斯坦就有了一名女兒，而第一任婚姻以離婚收場，即使在第二段婚姻當中，他也仍有許多曖昧情事。他最偉大的成就——廣義相對論（也就是黑洞與宇宙理論的基石），誕生於第一次世界大戰中的柏林，此時的柏林不僅外在環境惡劣、物資缺乏，愛因斯坦甚至還處於重病當中。當他終於有機會喘息，以德高望重的德國科學家身分度過平靜的生活，納粹崛起又迫使他流亡至美國；諷刺的是，愛因斯坦還曾被指控為共產黨的支持者。

愛因斯坦豐富的人生與偉大的成就，絕對足夠作家寫成好幾本書，我曾閱讀不少愛因斯坦的相關書籍，從來沒有一本（至少我還沒看過）能夠像派森這般，以如此簡潔卻不失準頭的方式講述愛因斯坦的故事！本書最讓我樂在其中的莫過於每一跨頁間都息息相關卻也可以各自獨立，我可以在任何時刻、任何地方打開此書，隨選一個關於愛因斯坦的片段，也許是一段他的生活，也許是一篇他的理論。哪怕你認為自己已經通透愛因斯坦與他的理論，你還是會在本書找到許多繼續閱讀的熱情。假如你並不了解愛因斯坦，那我可以大聲地告訴你，沒有比你手上這本更適合你的書了，就從這裡開始吧！

約翰 · 格里賓（John Gribbin）

英國薩塞克斯大學天文所參訪學者

如何使用本書
How the Book Works

本書將愛因斯坦的故事分成三部分。第一部分敘述他不凡的一生，這名十九世紀末出生的猶太少年，早期生活在德國南部，中間雖然前往瑞士求學，但不久後以物理教授的身分回到德國，最後在希特勒崛起的力量迫使下，不得不流亡定居於美國。第二部分帶領大家一探愛因斯坦的理論，包括後來成為二十世紀物理研究基石的兩個相對論；以及除了相對論之外，不能忽略的其他物理豐富貢獻：如預測光的粒子性、物質基本性質的研究、光電效應的解釋（後來成為太陽能科技的理論基礎）。最後，在第三部分我們將討論愛因斯坦的影響力，他所遺留下來的贈禮不只侷限在科學界，更在科技、哲學、政治等方面撥出漣漪，並為我們所處的這個世界畫出輪廓。

3 分鐘讀懂愛因斯坦

本書每章的每幅跨頁都是一個單元，一共組成二十個3分鐘的單元。以「理論」這章為例，內容涵蓋了狹義相對論、黑洞、量子世界等重要主題單元。每單元都包括三段文字，就像「黑洞」單元分成了「暗黑的星體」（也就是後來一般熟知的黑洞）、「事件視界與奇點」（探討黑洞的結構以及黑洞如何存在）與「蟲洞」（一種很奇異的黑洞，如果存在，或許會允許掉入的物體穿越時空）。每一段需要 1 分鐘的閱讀時間，也就是每一單元大約花費你的 3 分鐘，而這也是本書書名《3 分鐘讀懂愛因斯坦》的由來。

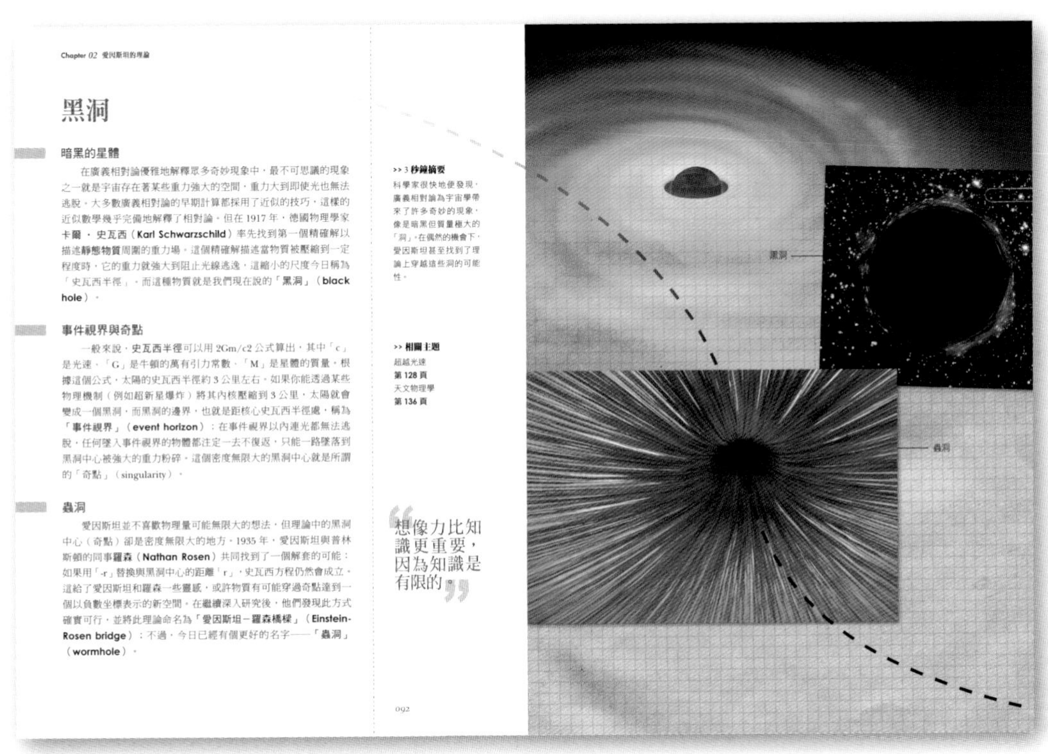

Chapter 02 愛因斯坦的理論

黑洞

暗黑的星體

在廣義相對論優雅地解釋眾多奇妙現象中，最不可思議的現象之一就是宇宙存在著某些重力強大的空間，重力大到即使光也無法逃脫。大多數廣義相對論的早期計算都採用了近似的技巧，這樣的近似數學幾乎完備地解釋了相對論。但在 1917 年，德國物理學家**卡爾 · 史瓦西（Karl Schwarzschild）**率先找到第一個精確解以描述**靜態物質**周圍的重力場。這個精確解描述當物質被壓縮到一定程度時，它的重力就強大到阻止光線逃逸，這縮小的尺度今日稱為「史瓦西半徑」，而這種物質就是我們現在說的**「黑洞」（black hole）**。

事件視界與奇點

一般來說，**史瓦西半徑**可以用 2Gm/c2 公式算出，其中「c」是光速，「G」是牛頓的萬有引力常數，「M」是星體的質量，根據這個公式，太陽的史瓦西半徑約 3 公里左右。如果你能透過某些物理機制（例如超新星爆炸）將其內核壓縮到 3 公里，太陽就會變成一個黑洞，而黑洞的邊界，也就是距核心史瓦西半徑處，稱為**「事件視界」（event horizon）**：在事件視界以內連光都無法逃脫，任何墜入事件視界的物體都注定一去不復返，只能一路墜落到黑洞中心被強大的重力粉碎。這個密度無限大的黑洞中心就是所謂的「奇點」（singularity）。

蟲洞

愛因斯坦並不喜歡物理量可能無限大的想法，但理論中的黑洞中心（奇點）卻是密度無限大的地方。1935 年，愛因斯坦與普林斯頓的同事**羅森（Nathan Rosen）**共同找到了一個解套的可能：如果用「-r」替換與黑洞中心的距離「r」，史瓦西方程仍然會成立。這給了愛因斯坦和羅森一些靈感，或許物質有可能穿過奇點達到一個以負數坐標表示的新空間。在繼續深入研究後，他們發現此方式確實可行，並將此理論命名為**「愛因斯坦－羅森橋樑」（Einstein-Rosen bridge）**；不過，今日已經有個更好的名字——**「蟲洞」（wormhole）**。

>> 3 秒鐘摘要

科學家很快地便發現，廣義相對論為宇宙學帶來了許多奇妙的現象，像是暗黑但質量極大的「洞」。在偶然的機會下，愛因斯坦甚至找到了理論上穿越這些洞的可能性。

>> 相關主題

超越光速
第 128 頁
天文物理學
第 136 頁

想像力比知識更重要，因為知識是有限的。

092

快速上手

因此每章的閱讀時間約為 1 小時，在這短短的 3 小時內，本書將帶領你進入愛因斯坦的世界，一窺他的傳奇生活與偉大理論。每章最後也都有常用名詞解釋，以及能一目了然的重大事件時間表。本書或許沒辦法讓你成為與愛因斯坦一樣的天才，但是在你利用一個晚上的時光，閱讀愛因斯坦的故事、科學成就，以及永不消逝的傳奇，你將會與這位地球上古往今來最偉大的天才，更靠近一些。

愛因斯坦生平簡介

Introduction

愛因斯坦無疑是我們這個時代的天才。他帶著倦意的面容、炯炯有神的雙眼與狂亂的髮型，在人們心中樹立了深刻的形象，這個男人帶來了相對論與改變世界的公式——$E=MC^2$，光是他的名字就足以讓人聯想到充滿智慧的光彩。但是，愛因斯坦送給這個世界的禮物遠比這些更多：除了用狹義與廣義相對論解開了時空的謎團之外，他開創性的思想帶來了太陽能發電、電腦、光纖通訊與藍光播放器。事實上，生活在現代世界的所有人都一定擁有些什麼讓你必須好好感謝愛因斯坦。

而他的才能也並非侷限於科學方面，在政治領域也沒有缺席，他一生積極投入建立猶太人的家園；二次世界大戰後期的原子彈轟炸後，愛因斯坦認為自己責無旁貸，此後為了和平四處奔走，成為著名的反核武器象徵。對許多人而言，正是因為愛因斯坦個性中可愛的那一面，讓他廣受愛戴。他嚴厲批判權威、偏見與墨守成規，為言論自由、思想解放與人格的獨立奮鬥不懈。最重要的是，愛因斯坦終其一生都保持極其謙卑的態度，當人們提起他的豐功偉績時，他只是淡然回應：「我沒有什麼特殊的才能，只是一直保持好奇心與對科學的癡迷」。

最具代表性的原型

愛因斯坦凌亂的頭髮與鮮明的五官特徵，就像是送給插畫家們一份大禮。走在路上時，他還必須假裝成別人，避免路人問起他的理論時不得不解釋；這或許是名氣太大需要承受的小小困擾。

萌芽中的天才魂

1879年3月14日，愛因斯坦出生於德國的烏爾姆（Ulm）市，父親是一位電子工程師。他很早就顯露了與眾不同的天才，第一篇論文完成於1895年。

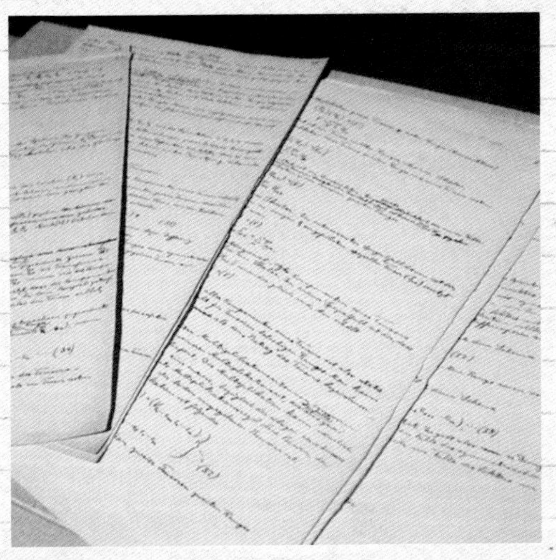

年輕的科學家

1903 年，愛因斯坦正式成為瑞士伯恩專利局的員工。直到 1908 年之前，他都並未任職於任何學術單位，不過在專利局期間，他持續發表了幾篇科學論文，其中包括 1905 年的四篇論文，後來都成為近代物理學的基石。

科學筆記

大多數愛因斯坦的筆記都被妥善保存，這些是他發掘知識的痕跡，讓後人能探見這過人的心靈成就。許多廣義相對論的片段就隱藏在這些筆記中。

婚姻生活

愛因斯坦曾經有兩段婚姻，他的第一任妻子是梅麗奇（Mileva Maric），兩人於 1903 年結縭並育有兩子，漢斯（Hans）與愛德華（Eduard）。此段婚姻在 1919 年告終，同年愛因斯坦與第二任妻子艾莎（Elsa）再婚（左圖）。

聲名大噪

愛因斯坦與卓別林一起參加電影《城市之光》（*City Lights*）在好萊塢的首映會。相對論的大成功讓愛因斯坦成為少數家喻戶曉的科學家。

榮譽時刻

照片攝於 1929 年，愛因斯坦獲德國物理協會頒發的馬克斯 · 普朗克獎章（Max Planck Medal）。他不只獲得了 1921 年的諾貝爾物理獎，英國皇家協會也於 1925 年頒予愛因斯坦科普利獎章（Copley Medal）。

音樂的啟發

年幼的愛因斯坦對音樂十分熱衷，是一位極富天分的小提琴家。當愛因斯坦困於物理問題苦思沒有解答時，他往往會投身於音樂中，從中尋求靈感。

大情聖

萬有引力並不是愛因斯坦生命中唯一的吸引力。除了兩段婚姻之外，一般相信他還擁有其他豐富的感情生活。這張照片攝於 1932 年，照片中的愛因斯坦被許多愛慕者圍繞著。

流亡到英國

1933 年，希特勒在德國掌權，身為猶太人的愛因斯坦被迫流亡。當時在指揮官奧利佛（Oliver Locker-Lampson）的邀請下，他前往英國短暫停留，並接受三名武裝保鏢的貼身保護。

美國公民

1933 年 10 月起，愛因斯坦便定居於美國紐澤西州的普林斯頓。1940 年 10 月 1 日，他從菲力普（Phillip Forman）法官手中接下證書，正式成為美國公民。

光芒四射的演講者

照片攝於 1940 年 5 月，第八屆美國科學大會在普林斯頓舉辦，愛因斯坦受邀前往致詞。身為一位擁有許多瘋狂與偉大成就的天才科學家，沒有人期待愛因斯坦同時具備優秀的演説技巧，但他的魅力依然讓這場演講座無虛席。

自由的靈魂

1945 年，照片中的愛因斯坦正在紐約薩拉納克（Saranac）湖泛舟。雖然曾經有過溺水被救生員救起的經驗，但泛舟仍然是他最熱愛的戶外活動之一。

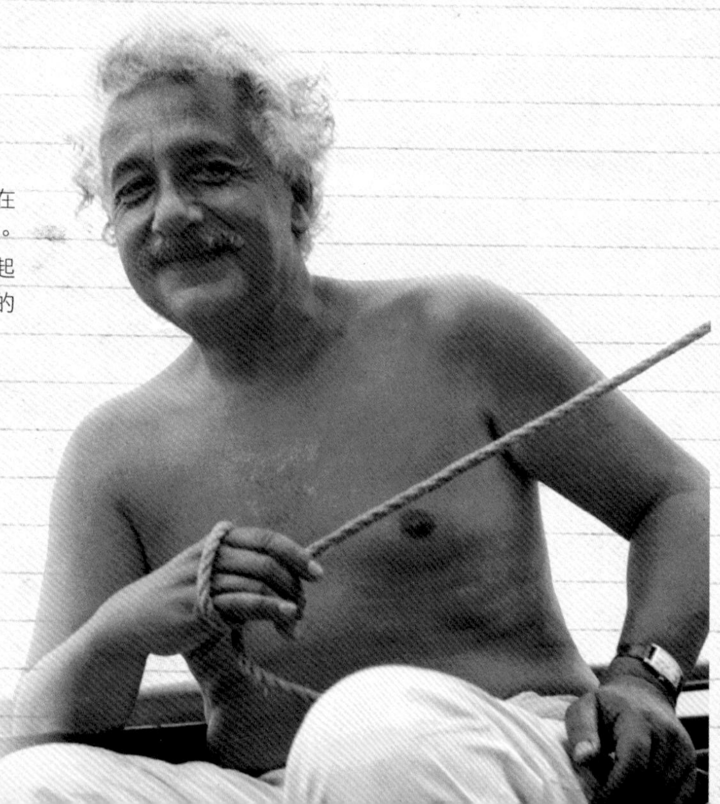

和平鬥士

1945 年，當原子彈在長崎與廣島引爆後，愛因斯坦促成了「緊急原能科學委員會」的設立，目標是監督並減少核子武器的使用。

政治活躍分子

愛因斯坦為猶太民族運動的長期支持者，致力於爭取猶太民族的立足地。1951 年，在以色列建國之後，其首任總理戴維 · 本 · 古里安（Davis Ben-Gurion）拜訪愛因斯坦。

古靈精怪

一般人對科學家的印象是嚴肅正經，很少會把科學家跟吐舌頭的調皮模樣連結在一起，唯獨這張 1951 年的愛因斯坦除外。當時的即興表情被媒體攝影師拍了下來，完全打破人們對科學家的刻板印象，也成為愛因斯坦的代表照片之一。

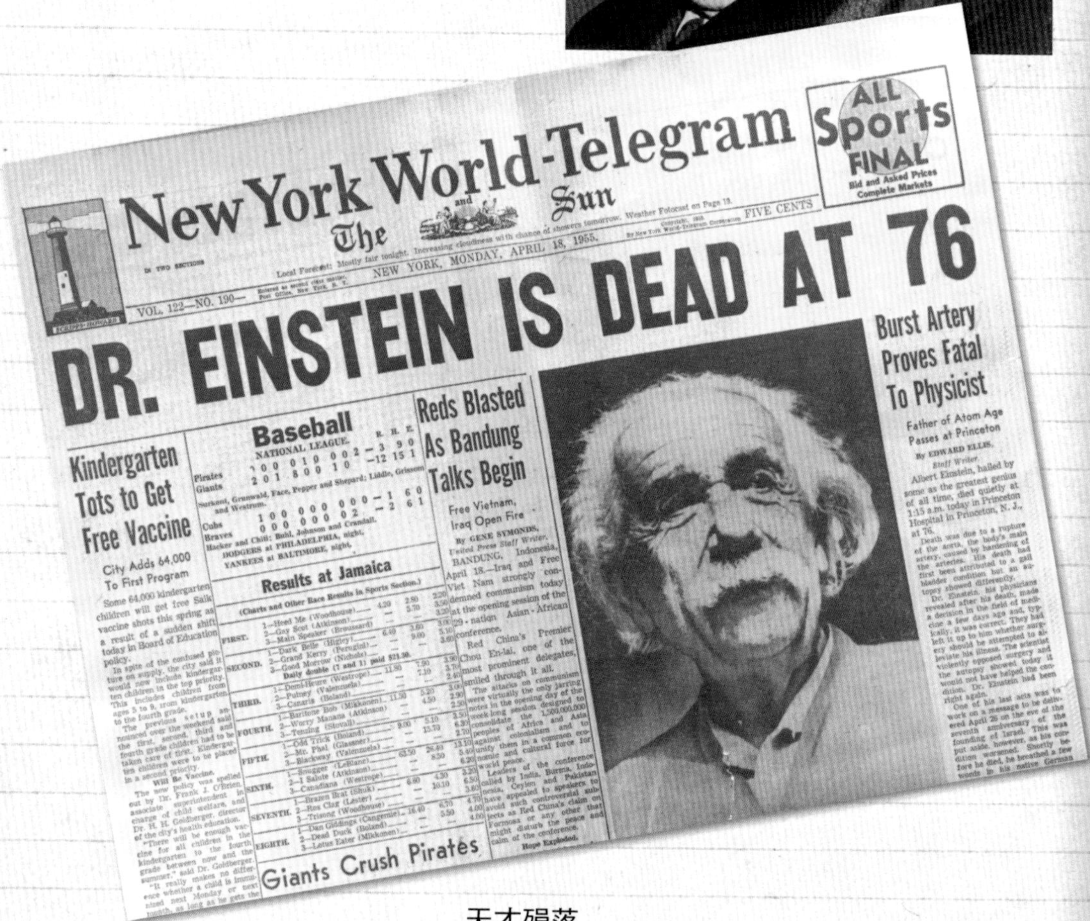

New York World-Telegram

The Sun

ALL Sports FINAL

Bid and Asked Prices Complete Markets

NEW YORK, MONDAY, APRIL 18, 1955.

FIVE CENTS

VOL. 122—NO. 190—

DR. EINSTEIN IS DEAD AT 76

Kindergarten Tots to Get Free Vaccine

City Adds 64,000 To First Program

Baseball

Results at Jamaica

Reds Blasted As Bandung Talks Begin

Free Vietnam, Iraq Open Fire

Burst Artery Proves Fatal To Physicist

Father of Atom Age Passes at Princeton

Giants Crush Pirates

天才殞落

愛因斯坦逝於 1955 年 4 月 18 日，主因是動脈瘤破裂導致的腦溢血。直到最後一刻的病榻上，他也不願放棄熱愛的研究工作。他的遺體在逝世當天便被火化。

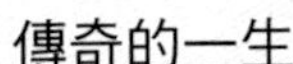

傳奇的一生

照片攝於愛因斯坦逝世當日，位於紐澤西州普林斯頓高等研究院的辦公室。雖然天才的身影已經不再，但他在科學研究、科技發展以及追求和平等方面創造的傳奇，將永遠留存在人們的心中。

持續的影響力

即使在愛因斯坦逝世超過五十年的現在，他仍然是人們心中最受愛戴的天才科學家。南韓高等科技研究學院的研究員就以他的形象，做了一個名為「亞伯特 · 修搏」（Albert Hubo）的人形機器人。

MONACO
1,70
1879-1979
ALBERT EINSTEIN

Chapter 01 Life

愛因斯坦的人生

一切從這裡開始

誕生

1879 年 3 月 14 日上午 11 點 30 分，在德意志帝國西南方的一個古老城市——**烏爾姆**，亞伯特 · 愛因斯坦的父母迎接了這小小的新生命，當時他們還不知道這男孩未來將翻轉人類世界。原本愛因斯坦的父母打算將他取名為「亞伯拉罕」，雖然當時的猶太民族對於宗教並不熱衷，但還是因為名字聽起來太具猶太色彩而作罷，因此改名為「亞伯特」，這個名字從此被深深刻印在人類歷史中。

>> 3 秒鐘摘要

愛因斯坦誕生於 1879 年，同年愛迪生首次公開展示他的電燈泡，而英國與南非祖魯（Zulus）王國在羅克（Rorke）渡口爆發了「祖魯戰爭」。

愛因斯坦一家

愛因斯坦的父親**赫爾曼 · 愛因斯坦（Hermann Einstein）**生於 1847 年的德國巴特布豪（Buchau）小鎮，在愛因斯坦出生之際，赫爾曼與朋友合夥投資一間位於烏爾姆的羽毛床商店。愛因斯坦的母親**玻琳 · 柯克（Pauline Koch）**於 1858 年誕生在德國的坎施塔特（Cannstatt），小鎮位於斯圖加特（Stuttgart）的外圍。兩人於 1878 年結婚，當時玻琳年僅十八歲。1880 年，赫爾曼放棄經營不善的羽毛床事業，轉而與弟弟雅各布（Jakob）合開一間小型工廠，名為「愛因斯坦的工廠」，專門生產發電機與照明系統等電器。當時為了配合工廠，愛因斯坦全家搬往**慕尼黑（Munich）**定居，不過遺憾的是，工廠的營運也始終沒有起色，赫爾曼與玻琳分別在 1902 與 1920 年離開人世。

>> 相關主題

瑞士
第 26 頁
愛因斯坦的孩子
第 34 頁
前往美國
第 50 頁

妹妹瑪雅

在愛因斯坦出生的兩年後，赫爾曼與玻琳有了第二個孩子瑪麗雅（Maria），也是愛因斯坦唯一的妹妹，家人通常暱稱她為**瑪雅（Maja）**。根據記載，當家人第一次為愛因斯坦介紹妹妹時，他還以為妹妹是新玩具，疑惑地問：「她的輪子在哪裡？」長大後，兩人的感情不只是兄妹，更像是親密的好朋友。1930 年代法西斯主義漸漸在歐洲壯大，愛因斯坦以及其他許多猶太人，在 1939 年決定離開熟悉的家鄉**前往美國**，瑪雅也隨著哥哥定居在普林斯頓附近。1946 年瑪雅不幸中風，之後健康狀況就每況愈下，1951 年時因為動脈硬化死於血栓。瑪雅離開人世後，愛因斯坦寫了一封信，其中說道：「沒有人能想像我有多麼想念她」。

“在奧祕的宇宙面前，不論你的年紀多大，都絕不能停下腳步，必須一直像個好奇的孩子尋求真相。”

慕尼黑市政廳

慕尼黑之馬克西米利安宮（Maximilianeum）

1882 年，年幼的愛因斯坦

童年時光

語言發育遲緩

背負著注定成為有史以來**最偉大科學家**的宿命，兒時的愛因斯坦起步並不順遂。他的語言能力發展非常遲緩，兩歲多才開口說第一個字；當時許多人認為愛因斯坦可能智力有問題，家裡的幫傭甚至戲稱他為「笨笨的那個」。就算是終於學會說話，他也無法流利對談，總是會低聲重複說過的句子。這個兒時的習慣一直跟著愛因斯坦。有些人認為，正因為愛因斯坦兒時的語言學習障礙，讓他養成**圖像思考**的習慣，這樣特殊的思考模式間接催生了偉大的科學理論。

>> 3 秒鐘摘要

走過兒時語言發育遲緩的階段後，年輕的愛因斯坦開始展現數學、科學與音樂的長才。在年紀很小時，便表現出孤僻且桀驁不馴的個性。

求學時期

年幼的愛因斯坦在離家很近的一所天主教學校就讀。他總是獨來獨往，與其和同學們一起遊戲，他更喜歡一個人用工具箱製作小東西或做做白日夢。九歲時，他進入位在慕尼黑市中心的**路易博德文理中學（Luitpold Gymnasium）**，好學的小愛因斯坦在這裡充分展現了數學與科學的天分，十五歲前就對**微積分**（一種表示量值如何隨時間變化的數學技巧）甚為熟練。此時的愛因斯坦首次表現出**反抗權威**的個性，因此許多教師並不喜愛他。

>> 相關主題

蘇黎士理工學院
第 28 頁
愛因斯坦的哲學
第 102 頁

年輕的音樂家

愛因斯坦的音樂天分也在兒時展露無遺。他的母親是一位鋼琴家，希望能從小培養愛因斯坦**對小提琴的喜好**，他沒有辜負期望，很快地成為優秀且傑出的小提琴手，並深深愛上古典音樂，音樂也自此成為他生命中不可或缺的重要角色。他最喜歡的作曲家是莫札特，二十多歲時偶然聽到鄰居用鋼琴彈奏**莫札特**的曲目，還會興起拿起小提琴加入伴奏。據說愛因斯坦曾經與知名的天文學家暨電視製作人派屈克・摩爾（Patrick Moore）一同演出二重奏，可惜並未留下任何紀錄。對愛因斯坦來說，音樂不只是無聊時的消遣，更是極為重要的**靈感來源**，幫助他更容易專注與激發創意。

> “智慧的成長是從出生開始，直到死亡的那一刻才停止。”

莫札特
機械幾何
（mechanical geometry）

年幼的天才

愛因斯坦的羅盤

大約在四到五歲的時候，父親送給愛因斯坦一個**導航羅盤**作為禮物，對小小的愛因斯坦來說這個指針有著神祕的力量，一股隱形的力牽引它永遠指著固定方向，這個看不見的力即來自於地球磁場。這樣隨著距離變動大小的作用力還有許多種，其中最為人所熟知的就是**重力**。在愛因斯坦的未來研究中，重力扮演了極為重要的角色，直接引導愛因斯坦發現**廣義相對論**；這不僅是他最偉大的成就，直到現在也仍然是描述重力的最佳理論。除了廣義相對論，晚年的愛因斯坦也試圖透過重力發展萬有理論，希望能用一則統一的理論解釋所有自然界作用力的規則。

持之以恆的閱讀者

1880 年代晚期，一位名叫**馬克斯 ・ 塔木德（Max Talmud）**的年輕男子，開啟了愛因斯坦對科學的興趣。這位正奮力苦讀醫學院的學生，固定每週都會拜訪愛因斯坦的家，與他們一家人共享餐點（這是一種猶太習俗）。馬克斯注意到了愛因斯坦正在萌芽的智慧和他深深著迷於**自然法則**的模樣，於是時常帶來**科普讀物**。這個才十歲大的小男孩貪婪地閱讀著這些優質的科普書籍，用他自己獨特的方式吸收書中的知識。當愛因斯坦讀完馬克斯帶來的科普讀物後，他把閱讀範圍延伸到了數學、幾何學以及哲學領域。多年以後，在一次拜訪紐約的行程中，愛因斯坦再度與馬克斯相見，當時他的猶太姓氏「塔木德」已經改為西化後的「塔爾梅」（Talmey）。

騎單車沿著光前行

1895 年，影響愛因斯坦整個人生、最重要的思想之一，正在他十六歲的心中萌芽。他幻想著，若是可以騎著**自行車**跟著**光束**一同前行，不知會是什麼樣子。假設光的行為與日常生活中的其他物體一樣，那麼這時在騎著自行車的愛因斯坦身旁的光，應該是靜止不動、凍結在空間中。未來愛因斯坦將會發現，真相其實完全相反。十年之後，這個無意間的想法啟發了他，愛因斯坦發展出革命性的理論，徹底顛覆人們對於光與快速移動物體的理解，也改變了我們對**時空**本質的想法。

>> 3 秒鐘摘要

羅盤指針的移動方式，啟發了孩童時期的愛因斯坦對作用力的興趣。稍後，年僅十六歲的他在騎單車的過程中，找到了通往相對論的道路。

>> 相關主題

狹義相對論的基礎
第 74 頁
廣義相對論的基礎
第 80 頁
統一場論
第 100 頁

“在我還是一個十二歲的小男孩時，我發現真相可以透過獨立思考挖掘出來，當時我相當的興奮……，同時也更加相信，自然可以透過相對簡單的數學模型理解。”

神祕的星空引
導愛因斯坦發
展出許多偉大
的發現。

J.J. 葛蘭維爾（J.J. Grandville）的作品，
〈另一世界〉（L'Autre monde）

瑞士

向南方移動

1894 年的秋天，由於外在情勢變化，十五歲的愛因斯坦不得不搬遷到**瑞士**。當時父親的電器生意面臨破產，在諸多考慮之下，父母相信義大利會有更好的發展機會，於是開始計畫搬往南方。雖然他們認為愛因斯坦應該留在慕尼黑，完成路易博德文理中學的學業，但愛因斯坦對於要被單獨留下感到很不開心，再加上學校對他的**叛逆本性**感到不滿，種種因素讓他渴望離開，他心中計畫著提前兩年進入蘇黎世理工學院學習數學與物理。另外，由於十七歲的德國男性必須服兵役，愛因斯坦深深厭惡與恐懼軍隊的威權，這也是另一個讓他下定決心離開德國的原因。

>> 3 秒鐘摘要

愛因斯坦搬到了瑞士，他在那裡找到了合適的教育方式、社會啟蒙與愛情，同時也期盼不用因兵役耗費青春時光。

阿勞的學校生活

然而，愛因斯坦並沒有通過入學考試，提前加入蘇黎世理工學院的計畫自然也就失敗了。雖然他的科學成績相當出色，但愛因斯坦對其他通用科目興趣缺缺，因此從文學到外文等他都不太在乎也很少學習。他下定決心來年再嘗試一次，但卻不希望回到德國。因此，他便在這一年先進入**阿勞（Aarau）**的學校就讀。阿勞是位於蘇黎世西方四十公里左右的瑞士村莊，這裡的教學風格比起德國來得自由，沒有僵化、死記硬背的學習，老師鼓勵學生**獨立思考**並讚賞**個人主義**。愛因斯坦對這樣的教學風氣產生了強烈的共鳴，獲得全班第二優秀的結業成績。

>> 相關主題

蘇黎世理工學院
第 28 頁
活躍分子
第 54 頁

溫特勒斯一家

在阿勞學習的這一年，愛因斯坦寄宿在**溫特勒斯（Winteler）**家。一如他終於在阿勞找到能夠悠遊自在學習的環境一般，充滿歡笑與感性的溫特勒斯一家，也讓愛因斯坦感受到了歸屬感。他們與愛因斯坦分享許多自由主義與**社會主義的本質**，溫特勒斯家的父親約斯特（Jost），對於愛因斯坦的人生價值觀有相當大的影響。愛因斯坦跟著溫特勒斯一家學會如何與人社交，一反過去獨自沉浸在研究中的習慣，他開始願意花時間與人們聊天。寄宿在溫特勒斯家中幾個月後，愛因斯坦開始與溫特勒斯家的長女**瑪麗（Marie）**交往，這也是他的第一個女朋友。愛因斯坦的妹妹瑪雅，後來嫁給了溫特勒斯的兒子保羅（Paul）。

“不當的教育是唯一干擾我學習的東西。”

瑞士，阿爾卑斯
山脈（Alps）

蘇黎世理工學院

大一新鮮人

1896年，愛因斯坦此時再度挑戰**蘇黎世理工學院（Zurich Polytechnic）**的入學考試，在6分的滿分制度中，他拿下了5.5分，成功取得入學許可。當時愛因斯坦接受了培訓數學和物理專業教師的課程，但他的獨立與原創思維再次為他帶來麻煩。雖然他在理論課程表現極為出色，其中包括熱力學與**馬克斯威爾（James Clerk Maxwell）**的電磁理論，但他卻翹掉了大多數的實驗課。即便如期出席也往往不遵照實驗課程的指示，而用自己的方式，這讓他的導師吉恩（Jean Pernet）教授感到不滿。有一次愛因斯坦隨興的實驗引起**爆炸**，不僅炸傷了自己的手，也讓兩人的衝突攀上最高點。

>> 3 秒鐘摘要

愛因斯坦順利進入蘇黎世理工學院的物理學系，並很快地證明了自己是天生的物理學家，但他同時是個懶惰且叛逆的學生。

懶惰的狗！

沒多久，愛因斯坦與蘇黎世的教師們的衝突便越演越烈，一如他在慕尼黑求學時的狀況。當他第一次在理工學院的入學考試失利時，物理學院的負責人**海因里希・韋伯（Heinrich Weber）**，仍邀請愛因斯坦留在蘇黎世，並允許他以非全職學生的身分參與課程，但愛因斯坦拒絕了。不久之後，愛因斯坦反骨的態度更進一步破壞了兩人的關係。「你是一個相當聰明的孩子」，韋伯十分憤怒地對他說，「但你有個致命的缺點，那就是從來聽不進別人的話」。這還不算什麼，數學教授**赫爾曼・閔可夫斯基（Hermann Minkowski）**甚至為他取了個刻薄的綽號「**懶惰的狗**」。後來赫爾曼硬生生地吞下了當初的評價，成為相對論及愛因斯坦的忠實追隨者。

>> 相關主題

電磁理論
第72頁
狹義相對論的基礎
第74頁

畢業

1900年，愛因斯坦從蘇黎世理工學院畢業，全班五人當中他僅排名第四，對物理實驗課的強烈反感毫無疑問地拉低了總成績，不過對愛因斯坦來說，排名就像實驗物理一樣，一點也激不起他的興趣。總成績包含專題論文的分數，愛因斯坦原本希望研究地球通過**以太（ether）**時的行為：就像水波從池塘的表面穿過，當時的人們相信以太的存在，並認為**光波**會通過以太而被傳播。但韋伯教授對此題目不感興趣，於是愛因斯坦提交了一份連自己都沒興趣的熱學研究。總之，愛因斯坦應該會為至少能順利畢業而感到慶幸。

“無賴萬歲！就是我的座右銘。”

馬克斯威爾

蘇黎世理工學院

愛因斯坦的愛情

米列娃 · 梅麗奇

與愛因斯坦同班並以第五名成績畢業的，是一位叫**米列娃 · 梅麗奇（Mileva Maric）**的年輕女子。在畢業的前兩年，她和愛因斯坦陷入熱戀。梅麗奇是匈牙利後裔，比愛因斯坦年長四年。他們同樣對**科學擁有熱情**，而梅麗奇與生俱來的神祕感，讓愛因斯坦為之著迷，無法自拔。1903 年，他們在伯恩結婚，婚後兩人迎接了三個孩子。然而，由於這位偉人只專注於自己的工作……以及其他女人，梅麗奇終於無法忍受，兩人於 1914 年協議分居，1919 年以離婚收場。梅麗奇逝世於 1948 年。

>> 3 秒鐘摘要

二十世紀初一般人對科學家的印象，通常都是不太擁有生物性的本能衝動，但這絕對不適用於愛因斯坦。

艾莎 · 洛文索

愛因斯坦與**艾莎 · 洛文索（Elsa Lowenthal）**的關係，是壓倒梅麗奇的最後一根稻草。艾莎是愛因斯坦的表妹，他們兩人除了母親是姐妹外，連父親也是表兄弟。愛因斯坦與艾莎從小就是青梅竹馬，但**兩人的關係**一直到 1912 年愛因斯坦前往柏林，拜訪當時住在那裡的艾莎才展開。與梅麗奇分居後，愛因斯坦與艾莎於 1914 年開始同居。相對於梅麗奇的智慧與神祕感，艾莎對科學沒有什麼興趣，但有著家庭主婦的特徵。對當時氣力用盡、被工作與生活壓得喘不過氣來的愛因斯坦而言，她提供了**溫暖的守護與照顧**。兩人的婚姻正式於 1919 年展開。

>> 相關主題

伯恩瑞士專利局
第 32 頁
愛因斯坦的孩子
第 34 頁

大情聖

愛因斯坦的一生有過**無數情事**，女人就是無法抵抗他過人的天才，以及讓人印象深刻的外表。不僅對異性有著**磁性般的吸引力**，愛因斯坦本身似乎也享受著遊戲人間的樂趣，他曾經這麼說：「上半身的我是用來思考與計畫，而下半身則負責主宰命運」。他幾乎征服過各行各業的女人，更有甚者，在他與艾莎結婚前，愛因斯坦曾經考慮娶艾莎年僅二十歲的女兒伊莎（Ilsa）。婚姻從來就不能夠限制愛因斯坦，與艾莎婚後他仍然和秘書**貝蒂 · 紐曼（Betty Neumann）**發展浪漫情愫，但顯然艾莎默許了這段關係。在一般大眾眼中，愛因斯坦總是迷人與親切，不過他對女人的態度，確實也摻雜了一些自私的沙文主義影子，例如他認為兒子的未婚妻不夠迷人，斥責兒子居然做了這麼糟糕的選擇。

> “如果你可以一邊安全駕駛，一邊與漂亮女生接吻，那表示你沒有給這個吻應有的尊重。”

С.С.С.Р
Москва.
Главный Почтамт
До востребования
Маргарите Ивановне
Коненковой
U.S.S.R
Moscow
VIA AIR MAIL
U.S.S.R
Moscow
VIA AIR MAIL
С.С.С.Р
Москва
Главный Почтамт
До востребования
Маргарите Ивановне
Коненковой.
VIA AIR MAIL
U.S.S.R
Moscow

伯恩瑞士專利局

專利局

1900 年畢業於蘇黎世理工學院後，愛因斯坦花了兩年時間尋找學術工作，但始終**徒勞無功**。求職之路之所以如此坎坷，首先因為愛因斯坦的主要研究為理論物理（theoretical physics），這在當時還只是新興學科，很少有職缺；其次，也是更嚴重的原因，愛因斯坦的**叛逆性格**，讓他無法從任何教授手中得到推薦信。終於，他放棄了，並在 1902 年透過馬塞爾（Marcel Grossman）的引薦，找到了位於**伯恩瑞士專利局**的工作。馬塞爾是愛因斯坦的朋友，他的父親認識當時專利局的主任。作為「第三類技術專家」，愛因斯坦主要的工作是評估申請案件具備的技術優勢。他非常享受這份工作的多樣性，而這份工作的收入也讓他娶回了心上人梅麗奇。

>> 3 秒鐘摘要

因為無法在大學找到工作，愛因斯坦接受了瑞士專利局的工作。這份工作讓他擁有足夠的時間，完成科學研究的使命。

奧林匹亞學院

在伯恩生活的這段期間，愛因斯坦與兩個朋友——索洛（Maurice Solovine）和哈比希特（Conrad Habicht），組成了一個俱樂部，定期召開會議討論科學和哲學，更命名為「奧林匹亞學院」。有時他們會誇大地諷刺某些學術團體，如哲學家大衛・休謨（David Hume）的著作，或是數學家亨利・龐加萊（Henri Poincaré），都是他們會討論的主題。但是俱樂部沒有持續多久，因為索洛和哈比希特在幾年內先後離開了伯恩，但三人始終是一輩子的好友。

>> 相關主題

電磁理論
第 72 頁
狹義相對論
第 76 頁
統計力學
第 94 頁

奇蹟之年

愛因斯坦並未放棄對科學的追求，他仍然利用業餘時間繼續研究。1905 年，有了甜美的果實，他的名字躍上國際科學舞臺。在這一年，愛因斯坦先後發表四篇論文，每篇都帶來劃時代的成就。首先，他用量子理論的新興模型，解釋為什麼有些金屬在光照之下會放出電子，也就是所謂的**光電效應（photoelectric effect）**。接著，他把注意力轉向**布朗運動（Brownian motion）**，那些空氣中的懸浮顆粒，有著看似隨意的動作，這些動作被愛因斯坦歸因為原子間的碰撞，他證明了這些爭議的粒子確實存在。在最後的兩篇論文中，更奠定了**狹義相對論**的基礎，其中一篇論文改寫了快速移動物體的運動行為，另一篇論文則提出了相當著名的公式，$E=MC^2$。怪不得 1905 年被認為是「愛因斯坦奇蹟之年」。

“一天當中，我只需要兩到三小時就可以完成全部的工作。其餘時間，則專注於發展自己的想法。”

伯恩，瑞士專利局

愛因斯坦的孩子

漢斯 · 亞伯特

漢斯 · 亞伯特 · 愛因斯坦（Hans Albert Einstein）誕生於1904年5月14日，是愛因斯坦與第一任妻子梅麗奇的長子。愛因斯坦對於漢斯的誕生非常興奮，他應用了他的創造力，為寶寶設計許多玩具，像是用**火柴盒和繩子**做成的纜車等。不過，**父子關係始終緊繃**，尤其漢斯對父母最終以離婚收場，完全歸咎於愛因斯坦。漢斯十五歲時，向家人宣布想成為一名工程師，由於有過父親經營電器行而破產的經驗，愛因斯坦不希望兒子重蹈覆轍，為此還大發脾氣，即便如此，漢斯仍堅持走向工程的道路，成為加州大學柏克萊分校的工程教授。漢斯1973年卒於心臟衰竭，育有三個孩子。

>> 3 秒鐘摘要

愛因斯坦育有三個孩子，漢斯、愛德華以及利塞爾。一直到愛因斯坦逝世三十年後，歷史學家才發現了利塞爾的存在。

愛德華

愛德華 · 塔塔 · 愛因斯坦（Eduard "Tete" Einstein）出生於1910年，是愛因斯坦與梅麗奇的第二個兒子。愛德華與漢斯成長過程頗為相似，雖然愛因斯坦在他們年幼時都表現著非常高度細心與關懷，但隨著年齡增長，愛德華與父親的關係也逐漸惡化。在愛因斯坦與梅麗奇分手後，他與孩子們就鮮少見面。愛德華的夢想是成為一位**心理醫生**，並順利進入蘇黎世大學（Zurich University）醫學系。但殘酷的是，他一生與嚴重的精神分裂症奮鬥，後半生幾乎都在療養院度過。以現今角度看來，許多人認為療養院的舊式療法或許才是愛德華病情惡化的主因。愛德華逝於1965年，死因為腦中風，他一生從未結婚，也沒有孩子。

>> 相關主題

愛因斯坦的愛情
第 30 頁

利塞爾

除了漢斯與愛德華，愛因斯坦還有一個女兒，名字叫**利塞爾（Lieserl）**。利塞爾生於1902年，比漢斯、愛德華都年長。當時愛因斯坦與梅麗奇尚未結婚，由於剛申請到專利局的工作，如果非婚生子的消息走漏，愛因斯坦可能會受到社會批判，對於職業生涯相當不利，因此利塞爾的存在一直祕而不宣。直到1986年，愛因斯坦與梅麗奇之間從未公開的信件被發現，這個**祕密**才被揭露。不過沒有人知道利塞爾的命運如何，部分歷史學家認為，她後來成為別人的養女；但愛因斯坦與梅麗奇的書信曾提到利塞爾染上疾病，因此也有人認為她死於猩紅熱。這是愛因斯坦**人生中最難解的謎**，或許我們永遠也無法得知真相為何。

“在我推著你的嬰兒車同時，我也從不間斷思考如何突破現有的科學框架。”

漢斯
愛德華
梅麗奇

崛起中的新星

愛因斯坦教授

即使愛因斯坦在 1905 年一口氣發表了**四篇重量級論文**（其中包括撼動物理界的狹義相對論），他還是又等了整整三年，才獲得學術界的工作機會。1908 年，他成為了**伯恩大學（University of Bern）**的固定講師，雖然薪資還不允許他辭掉專利局的工作，不過這正是邁向全職教授的好的開始。雖然，愛因斯坦常常因為準備不足，讓課程**混亂無章**，他還是堅持下來，在隔年實現了自己的夢想，取得蘇黎世大學理論物理學教授的職缺。

布拉格

漸漸地，其他大學的物理學系也開始注意到這位才華洋溢的天才**愛因斯坦教授**。1910 年，在布拉格相當著名的**卡爾 ・ 費迪南德大學（Karl-Ferdinand University）**就對愛因斯坦提出邀請，不過蘇黎世大學並不願意讓他離開，甚至提出超過百分之二十的加薪條件，但愛因斯坦仍然接受了卡爾 ・ 費迪南德大學的邀請，於 1911 年前往布拉格。在布拉格的這段時間，愛因斯坦從狹義相對論出發，往前又走了一大步；他試著把狹義相對論推廣到更複雜的領域，找出可以廣泛使用的理論，研究當光線穿過重力場時如何彎曲。愛因斯坦的名聲變得更響亮，歐洲各地的大學和研討會都紛紛提出**演講邀請**。

回到柏林

1912 年，愛因斯坦從布拉格搬回蘇黎世，在**瑞士聯邦理工學院（Swiss Federal Institute of Technology**，為曾經就學過的蘇黎世理工學院所升級）擔任教授。不過當時在眾多科研機構中首屈一指的**柏林大學（University of Berlin）**，很快地就提供愛因斯坦教授職位，除此之外，也邀請他出任柏林新德皇威廉（Kaiser Wilhelm Institute）的物理研究所所長，並以史上最年輕的三十四歲提名為普魯士科學院（Prussian Academy of Sciences）院士。除了提供工作機會與榮耀，柏林大學更削減大部分的教學工作，讓他專心於研究上。愛因斯坦於 1914 年接受來自柏林的邀請，後來也證明這是個正確且立竿見影的改變。搬回柏林才一年，他就發表了再次震撼物理界的巨著——**廣義相對論**。

>> 3 秒鐘摘要

即使發表了狹義相對論，愛因斯坦還是等了三年多才獲得第一份學術工作。但隨後他的職業生涯便一帆風順。

>> 相關主題

伯恩瑞士專利局
第 32 頁
廣義相對論的基礎
第 80 頁
廣義相對論
第 82 頁

“我幾乎要被洪水一般湧來的問題、邀請函與各式各樣的請求淹沒，甚至夢到自己在地獄被燃燒，郵差變身為咆哮的惡魔，將一綑綑的信件朝我頭上丟過來。”

柏林大學
neral View of Berlin
Nation
Parliament (Reichstag) Building
Brandenburg Gate
Royal the
Berlin Elevated Railway
布拉格，卡爾 · 費迪南德大學

不情願的盛名

家喻戶曉的名字

在英國天體物理學家**亞瑟・愛丁頓（Arthur Eddington）**用實驗證明了廣義相對論對彎曲光線的預測後，愛因斯坦便不再只是科學界的名人，這個名字開始在世界各地發燒。媒體特別喜歡他：這個男人不只是**科學天才**，能提供他們許多引人入勝的宇宙科學故事，還有過人的機智，不論什麼尖銳的問題，愛因斯坦都能**應答如流**；媒體製造的這股愛因斯坦旋風席捲各地，人們紛紛為他著迷。雖然愛因斯坦總是抱怨，媒體的大肆干擾很讓人厭惡，不過許多熟識他的人卻認為，他其實非常享受媒體與眾人的關注。

愛因斯坦狂熱

1912 年，愛因斯坦展開在**美國的巡迴演講**，受歡迎的程度直比四十年後披頭四第二次在美國引起全民狂熱的現場表演，甚至有過之而無不及。巡迴演講從紐約開始，一路經過華盛頓特區、芝加哥、普林斯頓、哈佛、哈特福德和克利夫蘭。在紐約時，愛因斯坦的車隊所到之處，空氣中永遠充滿了高音喇叭聲與人群的歡呼聲。他也參觀了白宮，並與**美國總統哈丁（Warren G. Harding）**會面。儘管演講以德語進行，仍然**場場爆滿**，一票難求。

好萊塢的紅毯

1912 年橫跨美國東岸與中西部地區的巡迴演講後，愛因斯坦的名氣並未就此減弱。1931 年，他再次回到西岸的加州理工學院，這裡是美國最優秀的科學研究中心之一。同年，天文科學家發現了宇宙膨脹的現象，愛因斯坦也受邀參觀威爾遜山天文臺（Mt. Wilson Observatory）。除了科學巡禮，他也參訪了好萊塢，在這裡與演員**查理・卓別林（Charlie Chaplin）**相識並成為好友，兩人共同交換了許多**左翼**的想法。卓別林邀請愛因斯坦和當時的妻子艾莎，一同出席電影《城市之光》（*City Lights*）的首映，三人受到群眾熱烈的歡呼，卓別林也因此留下了名言：「人們為我歡呼，是因為他們理解我。但他們為你歡呼，是因為沒有人理解你」。在訪美期間，艾莎以一美元的代價出售愛因斯坦親筆簽名，每次合照則是收費五美元，這些收入全數捐給了兒童慈善機構。

>> 3 秒鐘摘要

愛因斯坦的名聲散布全球，在美國形成了一股愛因斯坦狂熱。他不僅訪問美國總統，也受邀參加卓別林的電影首映會。

>> 相關主題

愛因斯坦是什麼樣的人
第 46 頁
對公眾的影響力
第 144 頁

“名氣越大，我似乎也變得越愚蠢。當然啦，這並不讓人意外。”

1931 年，愛因斯坦與卓別林

美國總統哈丁

諾貝爾獎

為物理學的貢獻

愛因斯坦獲得了 **1921 年諾貝爾物理學獎**，讚揚他對光電效應的研究，以及對理論物理界的「貢獻」。當時，沒有人知道為什麼這位當代最偉大的物理學家要花費這麼長的時間，才能獲得物理學界最大榮耀的肯定。在廣義相對論受到證實後，愛因斯坦四字在全世界掀起了熱潮，並引起一部分物理界的不滿，認為他將一切歸功於自己，因此，1920 年的諾貝爾獎並沒有頒給他。更特別的是，1921 年的諾貝爾委員會選擇表揚愛因斯坦本人的貢獻，但沒有頒授他任何實質的研究成果獎項；直到 1922 年，因丹麥量子物理學家**波爾（Niels Bohr）**獲得了諾貝爾獎，愛因斯坦的獎項才一併被回溯補發。愛因斯坦的反應也相當有個人風格，他選擇前往日本參訪，並未親自授獎。

>> 3 秒鐘摘要

在狹義相對論發表後的十六年，愛因斯坦終於在 1921 年獲得諾貝爾物理學獎。但由於和委員會之間的心結，他選擇前往日本，而沒有親自接受頒獎。

來自瑞典的贍養費

愛因斯坦非常有自信地認為總有一天會獲得諾貝爾獎。因此，1918 年與梅麗奇協議離婚時，他承諾所有的諾貝爾獎金，將全數歸予梅麗奇。1921 年的諾貝爾物理學獎給了他 **121,572 元的瑞典克朗**，相當於今日的 40 萬美元，不過，歷史學家對於究竟他是否兌現了諾言，有相當激烈的辯論。一份於 2006 年發現的證據指出，愛因斯坦其實把這些獎金拿去**投資**，並且因大蕭條帶來的經濟衝擊而**損失慘重**。

>> 相關主題

電磁理論
第 72 頁
狹義相對論
第 76 頁

相對論中的悖論

1921 年的獎項表揚了他對**光電效應**與對理論物理學的貢獻，這也是愛因斯坦唯一得過的諾貝爾獎。許多人認為，如果要選出**科學史上最不公正的事件**，「諾貝爾委員會從不承認相對論」一定會是頭號候選者之一；當然，量子理論被忽視的那段歷史，也會是另一位強力候選者，這兩大不被承認的理論，都成了二十世紀科學的基石。1910 到 1922 年間，愛因斯坦曾多次因狹義相對論被提名，但始終沒獲獎，因為這個理論太過前衛，諾貝爾獎委員會宣稱，尚未有強烈的證據支持它。由於諾貝爾獎並不允許死後提名，這項愛因斯坦心中**最偉大的成就**，將永遠沒有機會獲得諾貝爾獎的肯定。

“為了懲罰我對權威的反抗，命運讓我成為了權威者之一。”

愛因斯坦紀念郵票

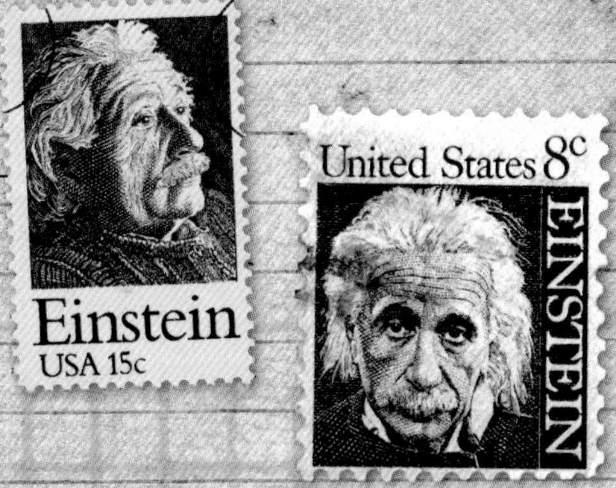

諾貝爾獎章

諾貝爾獎之外

科普利獎章

即使得不到諾貝爾獎的青睞，愛因斯坦仍然接二連三被授予**各式各樣的科學榮譽**。1925年，他獲頒倫敦皇家學會的科普利獎章，該獎章比諾貝爾獎的歷史早了兩百年，以**戈弗雷科普利爵士（Sir Godfrey Copley）**為名，感念他在1709年提供英國皇家學會資金與獎項，這也是愛因斯坦正式獲得的第一座英國獎項。1920年，愛因斯坦曾有機會獲頒英國皇家天文學會（RAS）金獎，可惜當時某些帶有偏見的委員，對愛因斯坦的德國、瑞士與猶太人的背景很感冒，**獎項也因此被扣留**。後來委員會改變了主意，終於在1926年獲得肯定。

馬克斯 ・ 普朗克獎章

1929年，由於愛因斯坦在理論物理領域裡的卓越貢獻，獲得首屆由德國物理學會頒發的**馬克斯 ・ 普朗克獎章**。當時的頒獎人就是物理學家普朗克本人，他不僅是愛因斯坦多年的同事，兩人也有深厚的友情。在愛丁頓透過實驗證實廣義相對論之後，**獎項與榮耀便如雪片般**飛向愛因斯坦，包括至少**五位榮譽博士**以及馬克斯 ・ 普朗克獎章。愛因斯坦欣然接受了所有的喝彩，不過對他而言，再多的獎項也比不上他對研究的熱愛與其中的成就感。

二十世紀的代表人物

在愛因斯坦逝世後四十四年的1999年6月14日，擊敗了德蕾莎修女、聖雄甘地與比爾 ・ 蓋茨，挾著人們的喜愛，以**二十世紀最具影響力者**之姿，再次登上時代雜誌的封面。時代雜誌的編輯為此下了註解：二十世紀以科學與科技的突破在歷史留名，而愛因斯坦無庸置疑地立下**本世紀的標竿**。這已是愛因斯坦第五次登上時代雜誌的封面，第一次在1929年2月18日，探討他對於統一場論的追求；1938年4月4日，以他從德國納粹手中成功搭機逃往普林斯頓的故事為題；1946年7月1日，討論了投下原子彈所帶來的傷害；1979年2月19日發行的雜誌，以專題報導的方式，紀念愛因斯坦一百週年誕辰。不過，這份於1999年發行的時代雜誌，卻也因為「**二十世紀代表人物**」的遴選名單造成爭議，與愛因斯坦一同入選的還有希特勒與卡通人物巴特 ・ 辛普森（Bart Simpson）。

>> 3 秒鐘摘要

取得諾貝爾獎的肯定後，各方的榮譽紛至沓來，最後在時代雜誌的世紀代表人物遴選過程中，險勝德蕾莎修女與卡通人物辛普森，拿下了第一名。

>> 相關主題

以愛因斯坦為名
第 140 頁
文化遺產
第 148 頁

> 成就的價值存在於追求成就的過程中。

馬克斯 · 普朗克

בנק ישראל
5
חמש לירות
ישראליות
יושב ראש
המועצה המייעצת
נגיד הבנק
1968

PRINCETON, NJ
MAR
14
1966
08540
Prominent American Series
ALBERT EINSTEIN
MATHEMATICIAN-PHYSICIST
NOBEL PRIZE WINNER
1879-1955
8c
Artmaster
First Day of Issue

美麗的心靈

大腦的能力

愛因斯坦究竟有多聰明？很可惜，他從來沒有參與過正式的智力測驗，這或許是個永遠無法解開的謎，但是，科學家仍試圖從蛛絲馬跡估算他的**智商（IQ）**。IQ 是一種通用的智力量表，利用數字量化人們的智能，將估算出的心智年齡除以真實年齡，再乘上一百。儘管愛因斯坦極擅長數學和物理，但並不能保證他在其他領域（如語言能力）也有同樣出色的表現，例如第一次的蘇黎世理工學院入學考中，愛因斯坦的整體表現並不出色。一般估計愛因斯坦的智商約 **160**，是全人類的前 0.0003%。

>> 3 秒鐘摘要

無庸置疑地，愛因斯坦想必能輕鬆通過智力測驗，取得高分。除了相當高的智力，他也具有全心投入工作、完全不受外界干擾的能力。

養成天才的配方

愛因斯坦能達成如此驚人的成就，靠的絕對不只是過人的智力，他的大腦是一杯調和**完美的雞尾酒**，除了智力以外，也包含其他天賦和能力，讓他成為當代獨一無二、無法超越的天才。豐富的想像力與創造力促使他在思考問題時，能找出許多科學家想都沒想過的答案；同時，當他決定要做一件事之後，**從一而終、絕不輕易**放棄的態度，更是能征服許多艱難任務的原因之一。例如，在推算廣義相對論公式的過程中，他也曾才思枯竭、絞盡腦汁，不過**驚人的集中力**完全屏蔽外界對他的干擾；有一次在參與為他舉行的晚宴時，由於太認真思考公式，一直到群眾起立鼓掌時，他才想起自己完全錯過應該起身演講的時機。

>> 相關主題

蘇黎世理工學院
第 28 頁
廣義相對論
第 82 頁

怪胎症

2003 年，來自牛津大學和劍橋大學的科學家，共同發表一份最新的研究，認為愛因斯坦可能有輕微的自閉症傾向，一般也稱為**亞斯伯格症（Asperger syndrome）**。這個症狀以奧地利小兒科醫生漢斯・亞斯伯格（Hans Asperger）為名，他在 1940 年代發現，某些孩童在幼年時期會表現共通性的特徵，像是只對有限的事物感到興趣，並表現出**近乎痴迷的態度**，以及缺乏同情心與溝通技巧。這份於 2003 年發表的研究認為，愛因斯坦在情感的不順利、對工作過分的執著，以及兒童時期會一遍又一遍重複句子的習慣，都是亞斯伯格症的徵狀。根據最新的醫學研究，亞斯伯格症好發於許多在數學、科學與資訊工程領域出色的科學家，因此有些人暱稱此症狀為「**怪胎症**」。

“我並不是什麼天才，只是對感到好奇的事物非常執著。”

愛因斯坦是什麼樣的人

善良的人

人們會喜愛愛因斯坦，並不只是因為他的才華與成就，更多人是因為他可愛的人格特質，例如他的**善良**。晚年居住在美國期間，他經常免費輔導當地的孩子，以數學和科學科目為主。他也曾為了幫助一名新聞系的學生而接受採訪，那位學生為了成績不佳苦惱，而老師答應會給他高分，條件是要能採訪世上最偉大的科學家。矛盾的是，當他面對自己的家人時，善良的部分就像斷然消失。愛因斯坦對於自我的**獨立**相當執著，當親人渴望與他情感交流時，獨立性就可能會受到傷害，導致他寧可退回工作崗位，做一個冷漠的丈夫與**距離遙遠的父親**。

怪胎

愛因斯坦的標準形象是一位心不在焉的教授，頂著**一頭凌亂的頭髮**。有一次他走在雨中卻把帽子脫下，愛因斯坦的解釋是：「我的頭髮已經淋過很多次雨了，但我不知道帽子是否也經得起雨打」。他的方向感很糟、近乎絕望，他經常在外出散步時迷路，某次還打電話給系上的秘書詢問回家的路。糟透的方向感加上**心不在焉**的特質，絕對是個不妙的組合，但他最喜歡的活動是划船（經常需要遊艇俱樂部的成員拯救他）。一如他不在意頭上的毛髮，他也從不穿襪子，即使正式的場合要求出席者穿上高筒靴，愛因斯坦仍然我行我素。他是個很典型的**怪胎**，不過人們喜愛的正是他毫不做作的模樣。

絕不低頭

大部分受到人們尊敬的偉人，都會試圖表現謙虛與隨和的一面，不過愛因斯坦不只**傲慢還很厚臉皮**。1901 年，愛因斯坦閱讀了一份文件，主要內容是利用電子解釋金屬的性質，看完以後，他寫信給作者德國吉森大學（Giessen University）的保羅 • 德魯德（Paul Drude）教授，點出理論的幾個漏洞並要求對方立即給他一份工作；由於德魯德並沒有對來信表示感謝，愛因斯坦便發誓要在研究上徹底打敗他。除此之外，他對於別人的批評向來也僅以**輕蔑的態度**回應。曾經有記者問他，如果天文學家愛丁頓對於日食的觀測與相對論的預測衝突，他會怎麼做？愛因斯坦回答道：「那我只好跟上帝說聲抱歉啦，我的理論才是正確的」。

>> 3 秒鐘摘要

我們可以找到各式各樣對愛因斯坦的描述，像是叛逆、怪胎，或擁有一顆善良的心。不過真實的愛因斯坦超過了文字所能形容，絕對是一種更奇怪的組合。

>> 相關主題

愛因斯坦的孩子
第 34 頁
相對論的證據
第 88 頁

> “仁慈、美好與真實，為我點亮前方的道路，一天又一天，讓我產生新的勇氣，能愉悅地面對生命挑戰。”

1940 年，愛因斯坦的演講

信仰

迷失的猶太人

正如同愛因斯坦對待生命中事物的態度，他與宗教的關係也**非傳統**。他出生於猶太家庭，但家人卻對於猶太信仰和生活方式甚少關心，他們甚至將他送進一所天主教學校，而非猶太學校。在那裡，他很享受學習**天主教信仰**，甚至常幫助其他同學認識天主教。直到愛因斯坦進入高中，他才正式開始認識**猶太教**，並產生極大的興趣，也熱情地觀察猶太教習俗：或許是試圖對父母的宗教習慣表示反抗的一種早期叛逆表現。

短暫的無神論者

愛因斯坦對猶太教的熱忱，很快地就黯然失色，因為他的熱情轉到了新的信仰：**科學**。在高中生活與私生活裡，愛因斯坦開始熱切地消化偉大的科學家和哲學家的著作，這些**理性主義**的作品，灌輸愛因斯坦一種被聖經欺騙的感覺。雖然，後來的愛因斯坦在組織化的宗教信仰中找到歸宿，並對過去的自己感到厭惡，公然否認曾經懷疑過上帝，並表示自己在**自然的美麗和秩序**中找到新的信仰。他甚至公開嘲笑，無神論只不過是一種愚蠢的偏執。

斯賓諾莎的上帝

比起相信那位住在雲端的大鬍子男人的概念，愛因斯坦出現一個想法，人性中的善惡決定了我們是否能受到上帝的眷顧，應是上帝在維持**自然界的和諧**，荷蘭哲學家**斯賓諾莎（Baruch Spinoza）**也曾在十七世紀提出這個觀點。「我相信斯賓諾莎的上帝，祂會在受自然規律支配的和諧中，對世界顯露自己」，愛因斯坦在 1929 年這麼說，「而不是一個只關心自己和人類命運的上帝」。這個想法甚至影響了愛因斯坦的科學工作：衡量一個科學理論的優劣時，他有時會問自己，**上帝**是否用過這樣的方式設計世界。

>> 3 秒鐘摘要

你可能會以為，像愛因斯坦這樣一個對宇宙、時空有強烈興趣，耗費了大量心力尋找解答的人，想必沒有精力再去探討宗教中的不確定性，那你可就錯了。

>> 相關主題

活躍分子
第 54 頁

“少了宗教信仰的科學會顯得彆腳，沒有科學的宗教信仰會變得盲目。”

斯賓諾莎（Baruch Spinoza）
E. HADER pinxit. 1884. Gesetzlich geschützt.
B. de Spinoza
Phot. u. Verl. v. Sophus Williams, Berlin W.

前往美國

移民

1932 年，愛因斯坦離開德國，表面上是為期三個月的美國假期。但在內心深處，他知道永遠不會回來了。國內興起的**反猶太情緒**，使生活越來越困難，而希特勒在德國人心中人氣直升的浪潮也讓情況更加糟糕，因為他將國家的經濟疲弱歸因於猶太人。希特勒終於在 1933 年成為德國總理。一個月後，愛因斯坦得知他在柏林的公寓被撬，而且名列希特勒的傑出猶太人暗殺名單之中。同年，愛因斯坦進行了他人生中最後一次前往蘇黎世的行程，在**美國**提供他永久庇護之前，也曾藏身於比利時和英國一小段時間。

普林斯頓

愛因斯坦在 1921 年的美國行中，第一次拜訪美國**紐澤西州的普林斯頓**，並立即愛上了這個地方，他說：「這裡**年輕又新鮮**，像是尚未被汙染過的管道」。愛因斯坦不只是說說而已，後來他和艾莎就選擇在此地建立新家。事實上，或許可以說是命運推了他一把。美國教育家弗萊克斯納（Abraham Flexner）與愛因斯坦碰面，當時弗萊克斯納在普林斯頓成立一座新的研究中心——普林斯頓高等研究院（Institute for Advanced Studies, IAS），正積極地招募人才。經過討論後，弗萊克斯納同意了一些額外的條件，例如也必須雇用愛因斯坦的助手梅耶（Walther Mayer，一樣正在尋求庇護的猶太人）等等；接著，愛因斯坦不止在這裡擁有**新家**，還得到一份新工作。

自由之地

言論自由、思想自由和個人主義等等的美國精神，得到愛因斯坦**個人價值觀**的強烈共鳴。1940 年 6 月 22 日，他參加了美國公民正式測試，在這之前，他一直以移民簽證在普林斯頓生活。同年 10 月 1 日，愛因斯坦宣誓成為**完全的美國公民**。然而，並非所有的美國人都展開雙臂歡迎他。右翼的女愛國者協會致函美國國務院警告說，愛因斯坦**激進的理論**和想法會損害到美國人的生活方式。愛因斯坦對於起訴書只是一笑置之，並在回覆協會的抗辯裡加上：「即使是威武的羅馬首都，也曾被忠誠於它的鵝叫聲所拯救」。

>> 3 秒鐘摘要

愛因斯坦一直不喜歡德國，在 1933 年希特勒崛起後，他決定離開，前往歐洲其他國家尋找棲身之地。最後落腳美國，找到了永久的庇護所。

>> 相關主題

崛起中的新星
第 36 頁
政治科學
第 56 頁

> 「和歐洲比起來，美國人更願意為了理想與未來奮鬥。生命對美國人而言就是不斷探索未知。」

TRIPLICATE
(To be given to declarant)

No. 1442

UNITED STATES OF AMERICA

DECLARATION OF INTENTION

(Invalid for all purposes seven years after the date hereof)

United States of America
District of New Jersey } ss: In the District Court of The United States at Trenton, N. J.

I, Dr. Albert Einstein
now residing at 112 Mercer St., Princeton Mercer N.J.
occupation Professor, aged 56 years, do declare on oath that my personal description is:
Sex Male, color White, complexion Fair, color of eyes Brown
color of hair Grey, height 5 feet 7 inches; weight 175 pounds; visible distinctive marks none
race Hebrew; nationality German
I was born in Ulm Germany, on March 14 1879
I am married. The name of my wife is Elsa
we were married on April 6th 1917, at Berlin Germany; she or he was born at Hechingen Germany, on January 18, 1877, entered the United States at New York N.Y., on June 3, 1935, for permanent residence therein, and now resides at With me. I have 2 children, and the name, date and place of birth, and place of residence of each of said children are as follows: Albert born 5-14-1905 and Eduard born 6-28-1910 both born and reside in Switzerland

I have not heretofore made a declaration of intention: Number ......, on ...... at ......
my last foreign residence was Bermuda Great Britain
I emigrated to the United States of America from Bermuda Great Britain
my lawful entry for permanent residence in the United States was at New York N.Y.
under the name of Albert Einstein, on June 3, 1935
on the vessel SS Queen of Bermuda

I will, before being admitted to citizenship, renounce forever all allegiance and fidelity to any foreign prince, potentate, state, or sovereignty, and particularly, by name, to the prince, potentate, state, or sovereignty of which I may be at the time of admission a citizen or subject; I am not an anarchist; I am not a polygamist nor a believer in the practice of polygamy; and it is my intention in good faith to become a citizen of the United States of America and to reside permanently therein; and I certify that the photograph affixed to the duplicate and triplicate hereof is a likeness of me: So help me God.

(The seal of the court will be impressed so as to cover a portion of the photograph)

Albert Einstein
(Original signature of declarant without abbreviation, also alias, if used)

Subscribed and sworn to before me in the office of the Clerk of said Court, at Trenton, N. J. this 15th day of January anno Domini 1936. Certification No. 3-120742 from the Commissioner of Immigration and Naturalization showing the lawful entry of the declarant for permanent residence on the date stated above, has been received by me. The photograph affixed to the duplicate and triplicate hereof is a likeness of the declarant.

[SEAL]

George T. Cranmer
Clerk of the U. S. District Court.
By ......, Deputy Clerk.

Form 2202—L—A
U. S. DEPARTMENT OF LABOR
IMMIGRATION AND NATURALIZATION SERVICE

№ 5773

愛因斯坦宣誓成為美國公民

普林斯頓大學

戰亂的年代

親愛的總統先生

1933年，一位匈牙利出生的年輕物理學家**里歐 · 西拉德（Leó Szilárd）**，構思了原子核釋放能量的過程，即利用愛因斯坦的公式——**$E=MC^2$**，以及讓粒子之間的碰撞產生能量。1939年，西拉德意識到，新發現的鈾核分裂現象可以引發「鍊鎖反應」，可能會被利用構建威力難以想像的炸彈。隨著戰爭的逼近，西拉德試著接觸過去曾合作過的愛因斯坦，愛因斯坦被說服並運用他的影響力直接提醒**羅斯福總統**。他寫了一封信提出警告，德國所獲得的鈾，足夠建立一顆**原子彈**，建議總統與美國的核科學家建立正式的溝通管道。

曼哈頓計畫

歷史學家認為，愛因斯坦給羅斯福的信是美國大力發展原子彈的主要驅動力，也就是是**曼哈頓計畫（Manhattan Project）**。儘管如此，愛因斯坦本人因身為德國的社會主義者，因此從未被授予安全許可，也從未受邀參加。然而，許多逃離納粹的歐洲猶太人卻參與其中，助長了該項目的成功，包含了漢斯 · 貝特（Hans Bethe）和愛德華 · 泰勒（Edward Teller）。正如愛因斯坦本人預言，希特勒驅逐猶太科學家的行為，促成了軸心國的垮臺。愛因斯坦也**間接為核彈貢獻**，他在普林斯頓開發了一種技術，能讓放射性鈾燃料中的同位素（相同的鈾原子核，卻有不同數量的中子，因此具備不同的**核子性**）彼此分離。

世紀拍賣

雖然愛因斯坦不是曼哈頓計畫的成員，但他也在其他方面為美國在二戰取得最後勝利做出貢獻；例如用數學分析，發現在日本港口放置水雷的**最佳模式**。而他最驚人和創新的貢獻，或許是1944年複製出一份寫於1905年關於狹義相對論的論文，當時在堪薩斯城的**拍賣**會中，該論文以天價**650萬美元**成交，他將這些金額全數捐贈給戰爭基金；在當時，這筆錢足以購買幾百架的戰鬥機。這份手稿如今保存在美國國會的圖書館。

>> 3 秒鐘摘要

愛因斯坦為曼哈頓計畫埋下種子，卻因國家安全理由被拒絕在計畫之外，無法直接參與，這是他從來也想像不到的事。

>> 相關主題

狹義相對論的結果
第 78 頁
能源
第 114 頁

“和平絕對不是靠武力達成，只有相互理解，才能引領我們走向和平。”

美國總統羅斯福

活躍分子

猶太復國主義

二十世紀初，愛因斯坦對**猶太復國主義者**（Zionist Jews）深感同情，這些猶太人大聲疾呼重建家園。於是他成為猶太復國主義的大力支持者，這也是 1921 年拜訪美國的部分原因，他希望利用自己**日漸上升的名望**籌集資金，協助猶太人復國。然而，他的熱情在這之後漸漸減弱，愛因斯坦對**民族主義**的厭惡，讓他轉而質疑自己的支持是否正確，協助猶太人逐漸民族主義化是否真的是個好主意？會不會反而製造更多麻煩？當以色列終於在 1948 年成立時，愛因斯坦甚至批評英國協助其建國。

世界和平

愛因斯坦曾經形容自己是個**好戰的和平主義者**，支持透過戰爭取得和平。但後來他卻呼籲年輕人無視法律、拒絕服從義務兵役，他表示：「當所有的人們都拒絕參與戰爭，那才是和平真正到來之時」。支持戰爭的立場轉弱絕對不是因為愛因斯坦老了，而是隨著時間過去，他越來越明瞭：雖然軍事行動是阻止希特勒的唯一途徑，但戰爭帶來的影響卻永遠不會消失。二戰後期，當**原子彈**投至日本後，愛因斯坦感到非常後悔當初寫信提醒羅斯福，間接促成美國的原子彈發展，即使這封信是出於擔心德國會搶先一步製造出原子彈。晚年他花了相當多的時間致力於推廣**和平運動**，例如，贊助緊急原子科學委員會（Emergency Committee of Atomic Scientists）成立，以制衡核子武器發展。

反種族歧視

愛因斯坦始終深信，唯一能帶來長久和平的可靠途徑就是「打破國家民族的壁壘，建立**統一的世界政府**」。加上作為一個猶太人卻反對猶太民族主義的立場，更加深他對於推動種族平等的堅定信念。住在美國普林斯頓期間，他大聲疾呼**反對種族歧視**，並加入美國有色人種平等推進協會（National Association for the Advancement of Colored People, NAACP），努力促進非裔美國人的公民自由權力，是個相當活躍的評論家。他稱種族主義是「美國最嚴重的疾病」。

>> 3 秒鐘摘要

愛因斯坦一生都在奮力為人類爭取和平與平等，從鼓勵歐洲的年輕人逃兵，到在美國參與反種族歧視運動。

>> 相關主題

戰亂的年代
第 52 頁
文化遺產
第 148 頁

“就算是國家要求，也永遠不要做出違背良心的事。”

愛因斯坦與其妻子正與猶太復國主義者交談，
照片攝於鹿特丹之星（SS Rotterdam）上。

政治科學

社會民主主義

愛因斯坦對平等的信仰，以及對於階級主義的厭惡，讓他擁有相當鮮明的**左翼色彩**。身為一個**社會民主主義者**，他的理念並不是蘇聯式的社會主義，而是尊重個人自由、言論自由與個人主義。這些想法從他進入蘇黎世理工學院前、就讀阿勞中學時期開始萌芽，當時他借宿溫特勒家，與同樣具有左翼思想的溫特勒家父親相談甚歡，兩人時常交換彼此的政治理念，這些左翼的思想影響了他的人生。儘管身為一位信念堅定的左翼分子，愛因斯坦卻認為，建立**世界和平**比鞏固任何一個國家的政治模型來得重要，他也從不參與任何政黨政治，對愛因斯坦而言，加入政黨是思想怠惰的開始。

愛因斯坦總統

1952 年，愛因斯坦曾有個實踐自己政治理念的大好機會。當時以色列首任總統魏茲曼（Chaim Weizmann）逝世後，該國總理**戴維 · 本－古里安（David Ben-Gurion）**在公眾壓力下，詢問愛因斯坦可否考慮接任總統。不過，愛因斯坦毫不猶豫地拒絕了，他表示自己並沒有足夠的能力與智慧管理一個國家，並為以色列掌舵。拒絕成為總統的邀請，也許還是因為愛因斯坦與生俱來的叛逆本性，他一向很清楚自己是位**科學家**，而不是政治人物。愛因斯坦這麼說：「政治是一時的，方程式卻是永恆的」。無論如何，聽到愛因斯坦斷然拒絕，以色列總理本－古里安還是鬆了一口氣。

紅色恐怖

二戰之後，美國仍持續蔓延著對**共產主義**的恐懼。美國和蘇聯之間的競爭，導致德國在戰後分裂為東德與西德，與此同時，蘇聯持續增強國內的核武能力，而陸續有美國官員承認自己是來自蘇聯的間諜。種種原由導致了以威斯康辛州參議員**約瑟夫 · 麥卡錫（Joseph McCarthy）**為首、對共產黨員的政治迫害，他們窮盡一切方法以挖掘出社會主義者與知識分子跟共產黨的聯結，愛因斯坦也名列調查名單中。其實，美國聯邦調查局（FBI）自 1932 年就一直暗中調查愛因斯坦。由於愛因斯坦的名氣，FBI 認定他對於「公民利益與自由」的危害，更甚共產主義本身，因此被貼上極端危險**紅色恐怖分子**的標籤。

>> 3 秒鐘摘要

身為一個科學家，愛因斯坦從不避諱以高分貝表達自己的政治理念。1950 年，他激進的言論惹來麻煩，以約瑟夫 · 麥卡錫為首的去赤行動盯上了他，愛因斯坦被扣上叛國與間諜的帽子。

>> 相關主題

瑞士
第 26 頁
活躍分子
第 54 頁

“唯一能拯救文明與人類的，就是建立統一的世界政府。”

美國國徽
約瑟夫・麥卡錫

該離開了

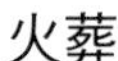

永別了，愛因斯坦

愛因斯坦的一生都伴隨著胃病。1948 年，愛因斯坦因急性腹痛送往醫院治療，當時醫生診斷出疼痛的主因來自主動脈帶著血液在腹部形成腫脹的**主動脈瘤**，並警告他，這個腫瘤破裂的可能性很大，並且將帶來立即的生命危險。七年後，醫生的預言成真，愛因斯坦暈倒送往醫院急救。醫生立即準備動手術，但愛因斯坦拒絕了，他心知成功的機會渺茫，並說：「我已經做了我該做的事，**現在是離開的時候了**，我希望能走得優雅」。1955 年 4 月 18 日上午凌晨一點，愛因斯坦永遠離開了人世，床邊上還擺著為以色列獨立日準備的演講草稿，以及未完成的統一場理論運算。直到他閉上雙眼的那一刻，科學與人道主義都是心中不曾改變的信仰。

>> 3 秒鐘摘要

愛因斯坦——人類史上最偉大的科學家之一，病逝於普林斯頓醫院，年七十六歲。離開的時刻，圍繞在他身邊的不是家人或朋友，而是數學。

火葬

當報紙刊登愛因斯坦的死訊時，遺體已火化。一切遵照他的遺囑，這場簡單的葬禮只有親人與好友參加，而葬禮就舉行在去世當天下午，骨灰也很快地灑落在**特拉華河**（**Delaware River**）。在愛因斯坦的遺體進行火化前，病理學家托馬斯 ・ 哈維（Thomas Harvey）為他進行例行的驗屍程序，並在愛因斯坦家人不知情的狀況下，**極為病態地**取走了他的大腦。被發現後，哈維辯稱基於對科學的熱愛與貢獻，愛因斯坦在生前曾允許他這麼做。

>> 相關主題

政治科學
第 56 頁
統一場論
第 100 頁

大腦裡有什麼呢？

哈維將愛因斯坦的大腦切片置於載玻片中，一片片地送往腦部研究中心，不過研究結果鮮少公諸於世。對哈維來說，這些**殘忍的行為**似乎不算什麼，在大腦樣本終於歸還醫院前，他獨自占有愛因斯坦的大腦長達四十三年。在少數透過哈維的樣本所進行的科學研究中，最有名的要數加拿大麥克馬斯特大學（McMaster University）的研究，他們發現愛因斯坦大腦的確異於常人，**頂葉**溝槽比正常人短了許多，一般認為此部位掌管**數學運算能力**。不過，這個研究相比於對最偉大科學家遺體的褻瀆，其實不足為道。

> “人們對死亡的恐懼，是其他的恐懼遠遠不能及的。”

1955 年，愛因斯坦在普林斯頓大學留下的算式

時間表

1879

赫爾曼與玻琳在德國的烏爾姆迎接了愛因斯坦。兩年後，愛因斯坦的妹妹瑪雅也來到世上。

1894

愛因斯坦搬到瑞士，準備進入蘇黎世理學院攻讀數學，並且躲避德國的兵役。

1895

在一次騎自行車的過程中，激發出愛因斯坦最有名的想法——如果我可以騎在光束旁，那會發生什麼事？

1902

由於一直無法取得學術工作，愛因斯坦最後接受了瑞士專利局於伯恩的工作，並且在空閒時間繼續自己的研究。

1904

愛因斯坦於 1902 年與梅麗奇結婚，1904 年他的兒子漢斯出生，六年後，艾德華也加入了他的家庭。

1914

愛因斯坦日益高升的名望讓他得到著名的柏林大學的教授職位。

1921

繼廣義相對論的成就後，愛因斯坦馬不停蹄地進行一連串在美國的演講。

1922

愛因斯坦獲得追贈 1921 年的諾貝爾獎項，雖然獲頒的是他對光電效應的研究，而非著名的相對論研究成果。

1931

愛因斯坦再度離開德國，進行三個月的美國拜訪行程。但是希特勒逐漸增強的勢力，以及愛因斯坦的猶太人身分，讓他再也沒有回到德國。

1939

愛因斯坦與匈牙利的物理學家西拉德發覺核分裂擁有製作原子彈的潛力。愛因斯坦進一步地寫信警告當時的美國總統羅斯福。

1940

自從 1933 年於德國納粹手中逃離，並取得永久居留權後，愛因斯坦終於成為美國公民。

1955

愛因斯坦因主動脈瘤破裂逝世於普林斯頓醫院。得年七十六歲。

1999

時代雜誌將愛因斯坦選為二十世紀最具影響力的人，候選人尚有德蕾莎修女與聖雄甘地。

專有名詞

反種族歧視
Anti-Semitism

人人生而自由，且在尊嚴和權利上平等，人人有權享有宣言之一切權力和自由，不得有任何種族、膚色或國籍等的區別。在愛因斯坦定居美國前，那股對猶太人的種族歧視現象逐漸在歐洲蔓延，並在最後形成第二次世界大戰。

無神論者
Atheist

無神論者認為世上不存在任何形式的神性，並且無宗教信仰。

亞瑟 · 愛丁頓
Arthur Eddington

天體物理學家，在 1919 年用光線經過太陽時會彎曲的實驗，證明了愛因斯坦的廣義相對論。

愛德華 · 愛因斯坦
Eduard Einstein

愛因斯坦的第二個兒子。出生於 1910 年，一生與嚴重的精神分裂症奮鬥，逝於 1965 年，死因為腦中風。

漢斯 · 亞伯特 · 愛因斯坦
Hans Albert Einstein

愛因斯坦的第一個兒子，出生於 1904 年。漢斯後來成為加州大學柏克萊分校的工程教授，卒於 1973 年。

利塞爾 · 愛因斯坦
Lieserl Einstein

愛因斯坦與梅麗奇的非婚生女兒，出生於 1902 年。利塞爾的命運無人得知。

瑪雅 · 愛因斯坦
Maja Einstein

愛因斯坦唯一的妹妹，生於 1881 年。兩人相當緊密，當瑪雅在 1951 年過世時，愛因斯坦相當悲痛。

普林斯頓高等研究院
Institute for Advanced Studies, IAS

位於美國紐澤西州，在愛因斯坦逃離歐洲納粹的追趕後，便在此處工作。

艾莎 · 洛文索
Elsa Lowenthal

愛因斯坦的第二任妻子，也是他的表妹，兩人在 1919 年結婚。艾莎逝世於 1936 年。

路易博德文理中學
Luitpold Gymnasium

位於德國慕尼黑，1888 至 1895 年愛因斯坦在此就讀。

曼哈頓計畫
Manhattan Project

第二次世界大戰時美國為建造原子彈所設的計畫，最終導致日本長崎與廣島的毀滅。

米列娃 · 梅麗奇
Mileva Maric

愛因斯坦的第一任妻子。兩人在蘇黎世理學院就讀時相識。他們於 1903 年結婚，1919 年離婚。梅麗奇逝世於 1948 年。

麥卡錫主義—紅色恐怖
McCarthyism

美國參議員約瑟夫 · 麥卡錫（Joseph McCarthy）企圖將美國國內所有的共產主義者一掃而空。愛因斯坦也因其和平主義與社會思想，名列調查名單中。

赫爾曼 · 閔可夫斯基
Hermann Minkowski

愛因斯坦在蘇黎世理學院時的導師，他對愛因斯坦最著名評語為：「懶惰的狗」。但在 1905 年，愛因斯坦奇蹟之年，愛因斯坦陸續發表四篇重量級的論文，包括狹義相對論、$E=MC^2$、光電效應與布朗運動後，他便在一夕之間名列為傑出物理學家。

奧林匹亞學院
Olympia Academy

愛因斯坦與兩個朋友——索洛和哈比希特，在伯恩組成的科學研討俱樂部。

和平主義
Pacifism

拒絕加入、支持軍隊，甚至是所有暴力與戰爭行為。

頂葉
Parietal lobe

大腦的一部分，位於大腦頂部沿伸到大腦後方，一般認為與數字感及空間感有關。

斯賓諾莎的上帝
Spinoza's God

一種以自然界和諧所展現的神性。由荷蘭哲學家斯賓諾莎提出。

馬克斯 · 塔木德
Max Talmud

當愛因斯坦還是孩子時，馬克斯為其家族的朋友。時常帶來自然科學的書籍，開啟了這位年幼天才對科學的熱情。

猶太復國主義
Zionism

猶太人建立家園的運動。1948 年，以色列正式成立。

蘇黎世理工學院
Zurich Polytechnic

愛因斯坦在此取得了大學學位。現在已經更名為瑞士聯邦理工學院（Swiss Federal Institute of Technology）。

Einstein

USA 15c

Chapter 02
Theories

愛因斯坦的理論

物質的結構

物質的結構

愛因斯坦的第一篇科學研究論文於 1901 年 3 月發表在物理年鑑年報。這篇論文主要探討**毛細現象**的成因；當我們將細管直立於盛水的玻璃燒杯中，水會沿著管壁內部上升，這個現象稱為毛細現象。愛因斯坦試圖透過水分子間的作用力解釋，目的是建立一個類比於**牛頓萬有引力定律**的新模型。很可惜，愛因斯坦並未成功。雖然毛細現象確實是分子間（水分子與燒杯的玻璃分子）的作用力所造成，不過此作用力的數學表示與牛頓定律的萬有引力並不相同。至少，愛因斯坦透過這篇論文證明他已是一位有能力發表論文的物理學家。

>> 3 秒鐘摘要

愛因斯坦透過研究物質的結構展開科學生涯。可惜的是，由於沒有大學聘用他，他被迫只能在業餘時間進行。

分子有多大？

1905 年 7 月，就讀於蘇黎世理學院的愛因斯坦提交了博士論文。在論文中，他提出一個精簡的方法以估計分子尺寸。分子是由原子所組成，以水分子為例，就是由兩個**氫原子**與一個**氧原子**。愛因斯坦設計了一組描述糖水黏性的理論數學方程式，接著從實驗反推理論所需要的參數，解開這組方程式便可得到，在 20°C 與標準大氣壓下，22.4 公升的糖水含有 2.1 X 10^{23} 個分子（這可是個龐大的數目，2.1 後面跟了 23 個零）。根據目前最新的實驗數據，這個數字其實是 6.022 X 10^{23}，也就是一般熟知的**亞佛加厥常數**（**Avogadro's constant**）。愛因斯坦利用這個數字進一步地推斷分子的大小。

>> 相關主題

統計力學
第 94 頁
量子的世界
第 96 頁

量子振動

1906 年，愛因斯坦建構了一個固態物質理論，引入全新的**量子力學**概念，表示能量只能存在於不可分割且離散的晶格中。愛因斯坦將物質視為**原子或分子的三維晶格**，原子或分子之間透過彈簧連接；這些彈簧其實並不存在，愛因斯坦只是利用彈簧視覺化分子或原子間的力。根據量子定律，這些彈簧只能在特定頻率下振動，於是愛因斯坦的理論預測，原子振動在低溫下會完全停止。這個理論完美地解釋了**固體**在低溫之下產生的許多異常屬性，在此之前，這些奇怪的特性著實讓許多實驗物理學家感到困惑不已。

“如果不用靠它吃飯，科學研究就實在是太美好了。”

分子
牛頓
SIR ISAAC NEWTON

光的性質

波粒二相性

愛因斯坦在 1905 年共發表了四篇**開創性的論文**，許多人因此稱此年為愛因斯坦奇蹟之年。其中一篇就是關於光電效應，即光打在某些金屬上會導致金屬放出電子。愛因斯坦在論文中引用了 1900 年德國物理學家**馬克斯 · 普朗克**的想法：光其實是離散而非連續。普朗克當時是為了解釋輻射與物質之間的交互作用，並沒有對此想法多做延伸。但是，愛因斯坦對此想法進一步探究，提出光波其實是由粒子組成的理論。普朗克與其他多數物理學家都非常反對這個理論，但事實證明愛因斯坦是正確的。1923 年，英國物理學家康普頓（Arthur Compton）在實驗中觀察到**光粒子**的存在，此粒子後來被正名為「光子」（Photon）。

受激輻射

1917 年，愛因斯坦發表了眾人熟知的雷射背後運作的原理，即「受激輻射」（stimulated emission）。他借用一個新的**原子模型**理論，這個理論是由他的同事，丹麥物理學家**波爾**提出。在波爾的模型中，電子在以原子核為中心的軌道上運行，不同軌道對應到不同的能量。當原子吸收了一個光子後，原子內的電子能量會因此升高，讓電子跳到更高一層的能量軌道；相反地，如果原子釋放出光子，電子就會落到低一層的能量軌道。他嘗試用波爾的原子模型推導普朗克發表於 1900 年的**輻射理論（theory of radiation）**，但他發現，只有當光子從一個原子中釋放出來時，才有能力觸發其他原子釋放相同能量的光子，這就是所謂的「受激輻射」。

斯塔克－愛因斯坦定律

二十世紀初，德國物理學家斯塔克（Johannes Stark）與愛因斯坦分別推導出了相同的定律，即**斯塔克－愛因斯坦定律（Stark-Einstein law）**。簡單地說，這個定律告訴我們，輻射會引發物質的物理和化學變化，並且當輻射發生時，每一個光子最多只能影響一個原子或分子。換言之，如果我們希望透過輻射影響物質當中的 N 個原子，就至少要準備 N 個光子來射擊這些原子；這就是為什麼這個理論也稱為**「光等價論」（photoequivalence law）**。為了紀念愛因斯坦對光子研究的貢獻，他的名字在光化學領域中的單位出現；「一個愛因斯坦」相當於亞佛加厥常數個光子。

>> 3 秒鐘摘要

愛因斯坦開創性的思維顛覆了人們對光與輻射的認識。這些突破奠定了量子理論的基礎，諷刺的是，量子理論是愛因斯坦一直十分厭惡的理論。

>> 相關主題

物質的結構
第 66 頁
電磁理論
第 72 頁

> 「當一道光線從空間的一個點傳播出去，它所攜帶的能量必定是最小能量單位的有限倍，這些能量在空間中有區域性，當它們被製造或被吸收時，只會以最小能量單位的整數倍進行。」

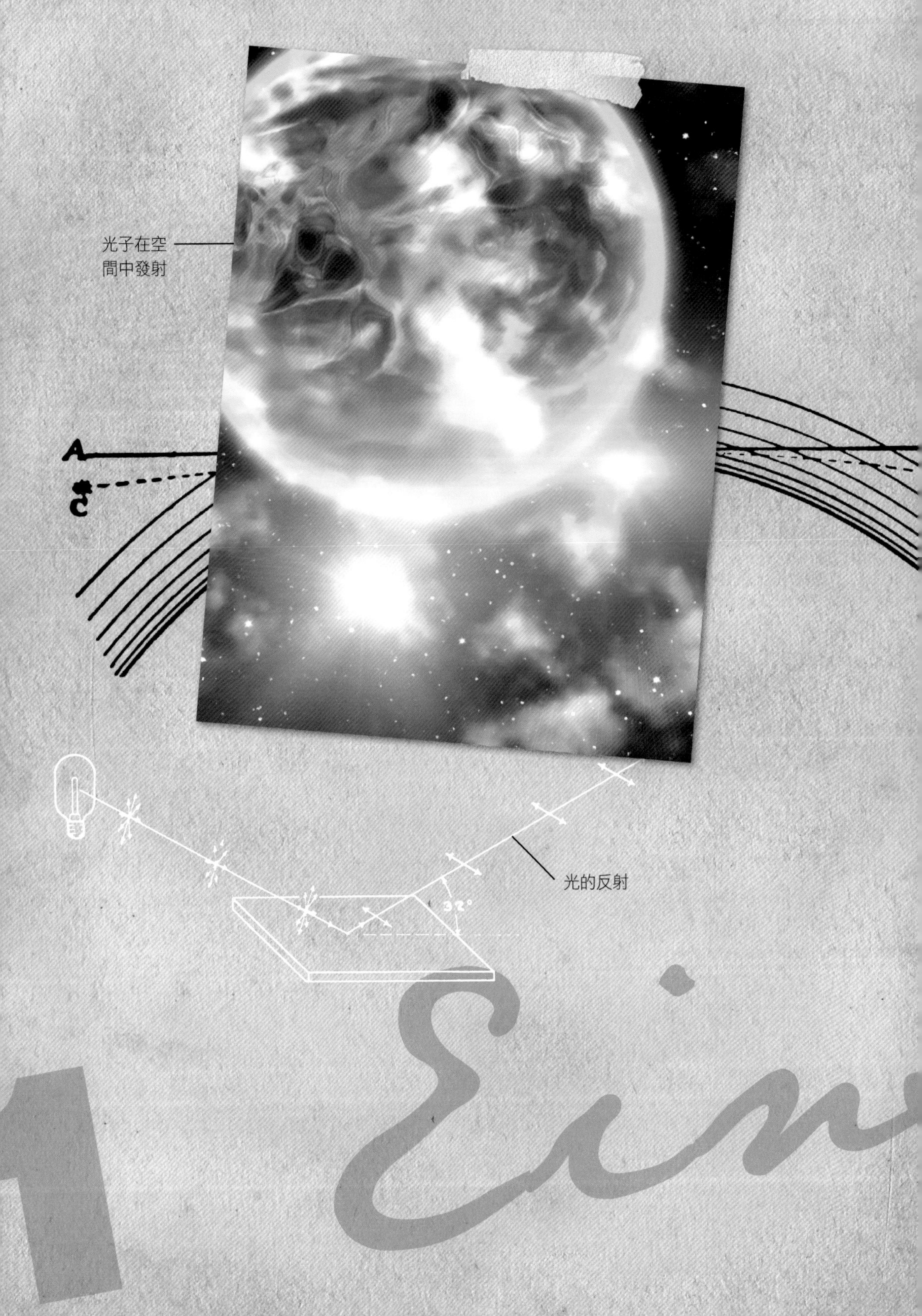
光子在空
間中發射
A
C
光的反射
32°
1
Ein

熱力學

愛因斯坦關係式

熱力學探討熱如何移動，以及熱如何與物質相互作用。愛因斯坦對熱力學的貢獻可追溯到 1905 年對**布朗運動**的研究。假如一粒灰塵在空氣中隨機擴散，從它的起始點開始計算，其所能行進的距離，取決於隨機擋在灰塵前進方向的原子數目，以及**灰塵與原子之間的碰撞**，這個過程可以透過一個簡單的數學式表示，我們將此數學式稱為「**愛因斯坦關係式**」。愛因斯坦關係式中考慮了空氣溫度、顆粒尺寸，以及灰塵顆粒在空氣中移動所受到的阻力。

臨界乳光

愛因斯坦於 1910 年時提出了一個可以解釋**臨界乳光（critical opalescence）**現象的新理論，當溫度上升超過某個臨界溫度時，某些液體混合物會突然呈乳白色。我們可以在日常生活中找到一些熟悉的例子，像是把酚系消毒劑與水混合的瞬間，原本清澈的液體就變得混濁。愛因斯坦認為這個現象是由於混合物的濃度產生變化，而改變了**折射率（refractive index）**，即光被彎曲的程度產生變化。他利用熱力學證明了，當溫度高於某個臨界溫度時，折射率的變動會更加明顯，於是光在通過此混合物時會被隨機散射到各個方向，液體看起來就會是白色；而此臨界溫度的大小則受到混合物濃度與組成影響。

愛因斯坦冰箱

在愛因斯坦的一生中，曾兩度與匈牙利物理學家**西拉德**合作。第二次的合作是相當有名的歷史事件，他們在二戰前夕寫信給美國羅斯福總統，提醒總統核鏈鎖反應將帶來的毀滅性力量，並且提出德國可能正在嘗試製造**原子彈**的警告。相較之下，第一次的合作就輕鬆多了，他們合力設計了一個冰箱，雖然對西拉德來說可能不太公平，因為這個冰箱後來被稱為「愛因斯坦冰箱」。這個冰箱沒有移動式零件，運行完全倚賴加壓氣體的流動，並且不需要外部電力，此設計在 1930 年取得了**美國專利**。但由於製冷效率不高，很快就被更現代的壓縮機型冰箱取代。不過，牛津大學的科學家在 2008 年又重新審視了這個設計，他們透過不同的氣體改善製冷效率，希望讓缺電的區域能因此受惠。

>> 3 秒鐘摘要

透過解釋液體的混濁現象，以及合作發明不需要電力的冰箱，愛因斯坦在熱學上站穩腳步。

>> 相關主題

戰亂的年代
第 52 頁
統計力學
第 94 頁

“古典熱力學是唯一有通用內容的物理理論，我相信它永遠也不會被推翻。”

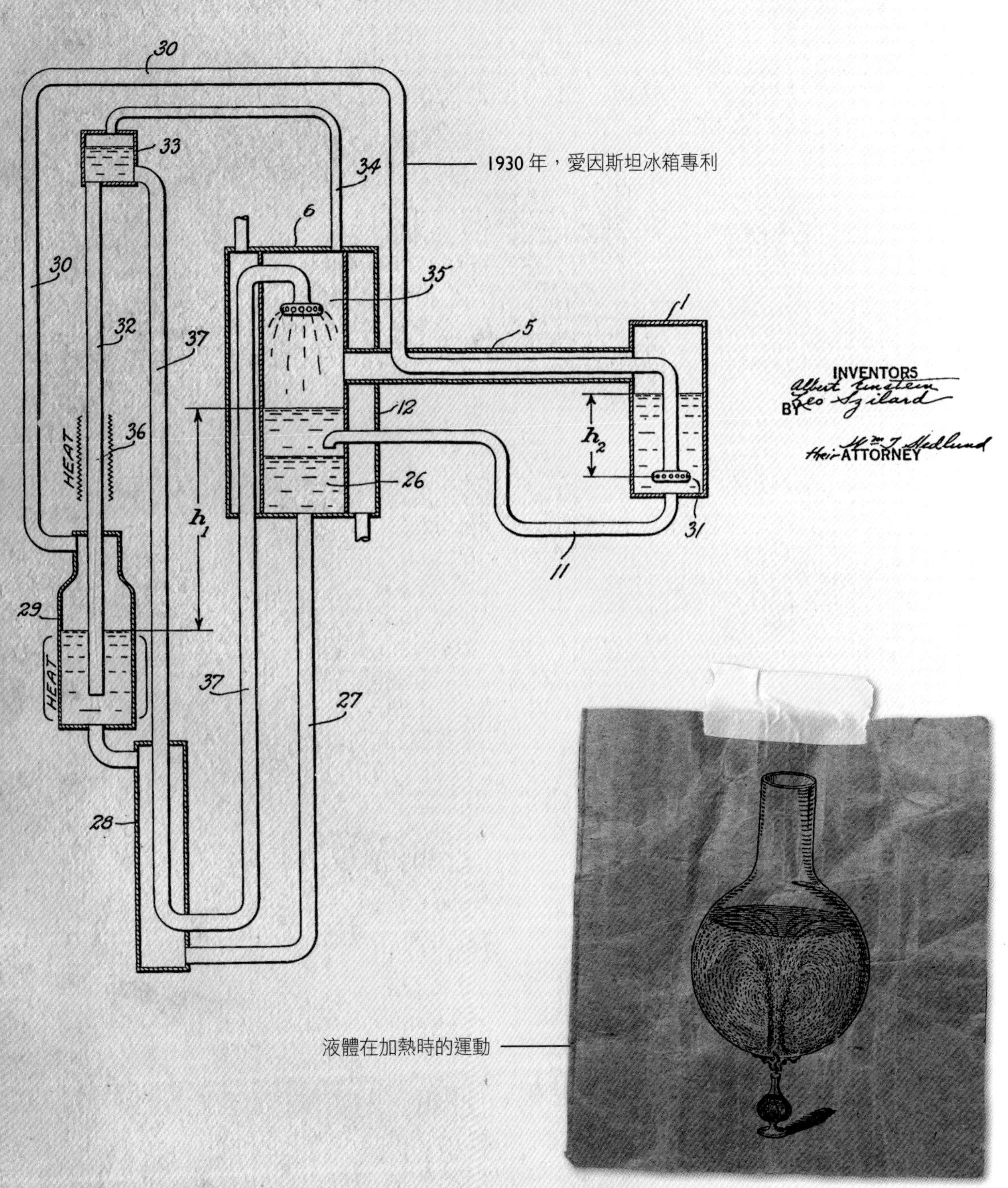

1930年，愛因斯坦冰箱專利

液體在加熱時的運動

電磁理論

光電效應

用光線照射金屬會誘發金屬釋放出電子，這就是所謂的光電效應。這個現象最早於 1887 年被德國物理學家**赫茲**（**Heinrich Hertz**）發現。赫茲同時也發現，相對於紫外光，一旦入射光頻率低於某個頻率，就不會有電子被發射。全世界的科學家們絞盡腦汁仍無法得知原因，1905 年，愛因斯坦利用五年前普朗克所提出的模型，為光電效應找到了解答。他假設光的能量是離散的，以一種**量子**（**quanta**）的形式被傳播，且其所攜帶的能量與**光的頻率**成正比。他認為，電子與光量子的碰撞是導致電子被發射的主因，只有當光量子攜帶的能量足以克服電子位能時，電子才能被發射。基於普朗克模型，這也代表只有光頻率夠高才會發生光電效應。

>> 3 秒鐘摘要

愛因斯坦找到了電子被光激發的原因，並試圖解釋超導性質為何能在低溫時出現。在這些過程中，他更加確認光是可數不連續的。

愛因斯坦－德哈斯效應

1915 年，也就是廣義相對論發表的那一年，愛因斯坦與荷蘭物理學家**德哈斯**（**Wander Johannes de Haas**）共同研究，發表了導體內部磁場與其內電子的**量子自旋**（**quantum spin**）關係。他們發現，如果把一個磁性物體（例如鐵）懸掛於**導電線圈**（**conducting coil**）中時，由導電線圈產生的磁場會使此物體轉動。根據角動量守恆定律，一個系統的總旋轉不能被創造與破壞。因此，如果系統原先是靜止的，其內部產生的旋轉必須由另一個位於系統內部但相反方向的旋轉平衡。他們以此解釋**電子**的自旋，而所有的電子都會朝磁場的方向對齊。

>> 相關主題

諾貝爾獎之外
第 42 頁
狹義相對論的結果
第 78 頁

超導性質

1911 年，荷蘭物理學家**昂內斯**（**Heike Kamerlingh Onnes**）發現，某些金屬被冷卻到絕對零度時（-273℃）電阻會突然消失。昂內斯透過實驗將汞冷卻到 -269℃，證實了此現象的存在，他稱此現象為**超導性質**。1922 年，愛因斯坦發表了一篇解釋超導性質的理論研究，他認為金屬內部的電流傳導是透過連續鏈接的分子，也就是**傳導鍊**（**conduction chains**）。愛因斯坦推測，超導性質之所以只能在低溫下被觀察到，是因為熱會破壞這些傳導鍊的連結。很可惜，這一次愛因斯坦錯了。從現在的眼光看來，當時的物理還沒有達到能說明超導性質的程度，一直到 1957 年，才出現真正能正確解釋超導性質的理論。

“我已經找到一個最簡單的方式，能解釋物質基本單位的尺寸與輻射波長之間的關係。”

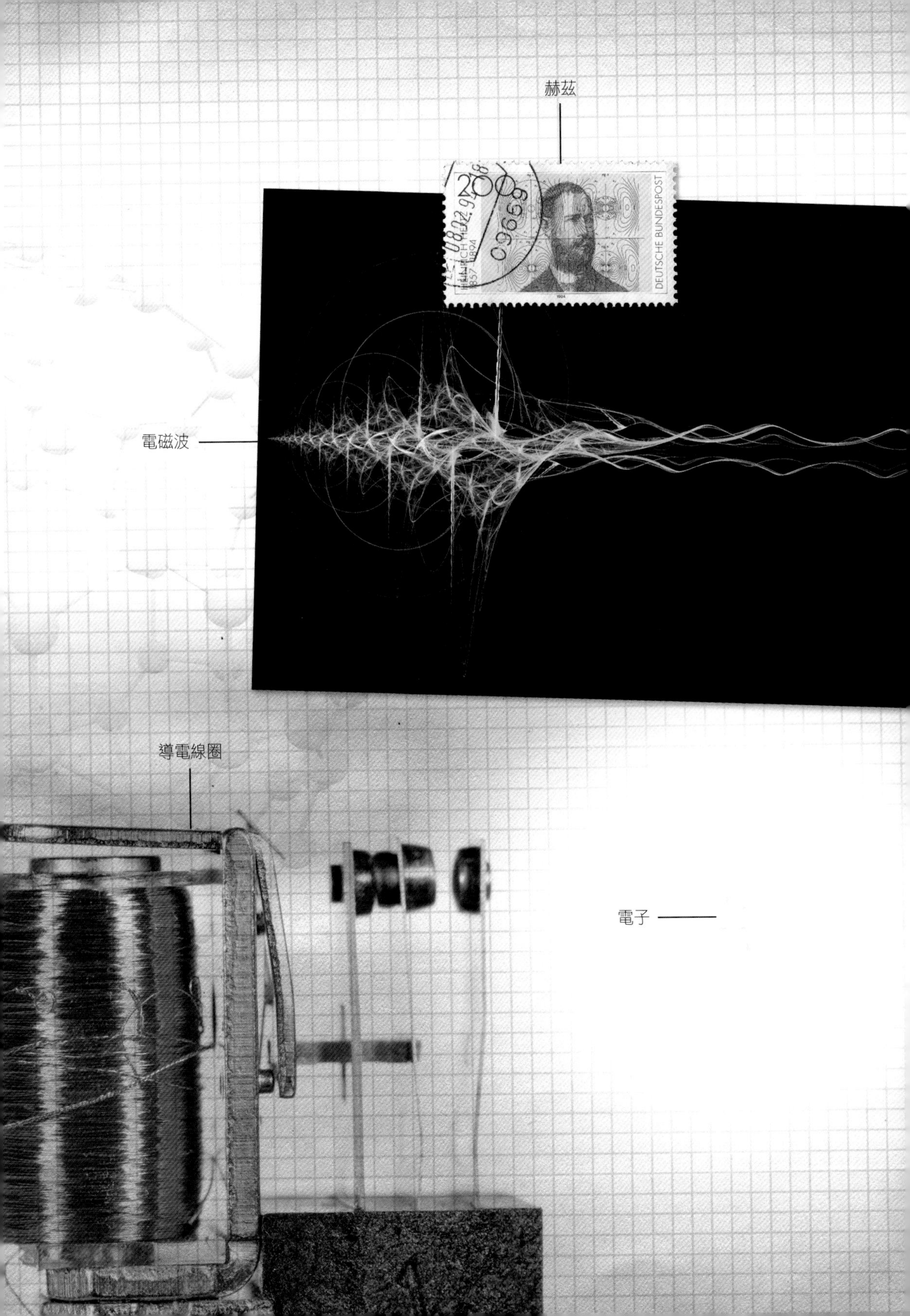
赫茲
HEINRICH HERTZ
1857-1894
DEUTSCHE BUNDESPOST
電磁波
導電線圈
電子

狹義相對論的基礎

以太

不同於漣漪只會在池塘的表面傳播，十九世紀的物理學家相信有一種物質瀰漫了整個空間，光波就在其中傳播，這個物質被稱為「以太」（ether）。但在 1887 年，兩名美國物理學家，**阿爾伯特．邁克爾遜（Albert Michelson）**和**愛德華．莫利（Edward Morley）**，進行了一項實驗，試圖利用地球的**繞日軌道**量測以太與地球相對運動形成的「以太風」，但他們什麼也沒發現。實驗過後，荷蘭物理學家**勞倫茲（Hendrik Lorentz）**進而提出新理論：物體在運動方向的長度會收縮，導致最後什麼也測量不到。但愛因斯坦認為如果勞倫茲的理論正確，那麼這樣的收縮現象不該受到物體自身特性的影響，而是更廣泛、關於基本時間與空間的定律。

相對論的原理

另一個讓愛因斯坦不喜歡以太的原因是，假如這個含糊不清的物質確實存在，而且光透過它來傳播，那麼它將在宇宙中定義出一個最佳的參考坐標系。兩個世紀以前的**牛頓**曾認同最佳坐標系的存在，並將此概念稱「**絕對空間**」。但愛因斯坦非常厭惡這個想法，他認為不如說物理定律在所有的慣性坐標系下都具有相同形式。他稱此為**相對性原理（principle of relativity）**。

光速

一般而言，在兩個運動物體間會存在相對運動，舉例來說，兩部車輛以相同的時速 97 公里相向駛來，那麼，兩部車中的任何一部，都會看到對方以兩倍的時速，也就是時速 194 公里接近自己。你可能會期待光也有相同的邏輯，如果你能跟著身旁的光束一起以光速運動，然後讓另一束光朝著你射過來，那麼這道迎面而來的光束，在你眼中就會是以**兩倍的光速**前進。但是，這造成了一個問題，1861 年，蘇格蘭物理學家馬克斯威爾提出了革命性的電磁理論，根據電磁理論，光速是大自然的基本常數，其數值恆定。假設光也服從一般的**相對運動定律**，這就會讓愛因斯坦的相對性原理失效；因為光在某一個坐標系下是恆定的，但在某些情況下又會受到觀察者的運動所影響。對於這個問題，愛因斯坦假設對所有坐標系的觀察者而言，光速都相同。正是這樣卓越的洞察力，讓他在 1905 年發現了**狹義相對論**。

>> 3 秒鐘摘要

在十九與二十世紀交會的年代，人們對物理的認知尚不完備，古典力學與電磁理論產生了矛盾。而愛因斯坦正好提出一個相當不錯的想法，來解釋這樣的矛盾。

>> 相關主題

狹義相對論
第 76 頁
廣義相對論的基礎
第 80 頁

> 「沒有什麼邏輯可以讓你發現種種自然的基本定律，唯一的道路就是順從直覺。」

Apex of
Earth's way
Direction of Earth's motion
& of increasing longitude
Sunrise
Sun
Earth
Sunset
Anti-apex
阿爾伯特 · 邁克爾遜

狹義相對論

時空

愛因斯坦為電磁理論與古典相對運動定律間的矛盾，提供了一個解答，這就是眾所皆知的**狹義相對論**。此理論的核心是一組方程式，描述物體的性質在被不同運動速度的觀察者量測時，不同結果的關聯性。低速時，狹義相對論會回歸到我們熟悉的古典運動學，如兩車接近時的相對速度，相當於兩者速度做簡單相加；但在高速狀況下，愛因斯坦的方程式與古典運動學就有很大的差異，根據他的預測，快速移動中的物體在運動方向上的長度會變短，也就是所謂的羅倫茲收縮。狹義相對論的另個預測是**時間膨脹（time dilation）**，移動中的時鐘會比固定的時鐘走得慢，也就是一個快速移動的人會比靜止不動的人老得慢。若太空人以 99% 的**光速**快速移動一年，當他回到地球時，將發現地球的時間已經過了七年。

同時性

相對性意味著，當兩個事件在某個坐標系同時發生時，另一個坐標系中的觀察者測量到的事件不一定是同時。讓我們想像一下，在一個移動中的火車車廂中央，有一顆燈泡被點亮了，對車廂內的乘客而言，會看到燈泡**同時**照亮車廂的兩端。根據愛因斯坦的理論，不管火車速度為何，也不論觀察者所處的坐標系是靜止或移動中，**光都會以相同的速度**往車廂兩端照射。但由於月臺上的觀察者會看到車廂尾端與光相向前進，但車廂頭部卻往遠離光源的方向運動，因此，不同於車廂內的乘客會看到燈泡同時照亮車廂兩端，月臺上的觀察者會看到光線先照到車廂尾端，再照到車廂頭部。同時發生的事件，在不同的參考坐標系卻有不同的量測結果。

第四維度

狹義相對論發表後，震驚整個物理學界，尤其是它**看待時間的方式**，顛覆過去人們對時間的認知。在愛因斯坦的理論發表之前，物理學家認為空間由**三個維度**組成，其本質與時間完全不同；而狹義相對論卻把時空放在一起討論。當此想法漸漸被接受後，時間與空間形成了四維**統一架構**，物理學家稱其為**時空**。有趣的是，德國數學家赫爾曼對相對論的四維時空理論貢獻良多，他同時也是愛因斯坦在蘇黎世理工學院的數學教授。赫爾曼曾經罵年輕的愛因斯坦是「懶惰的狗」，這句評語及他們間的趣事也讓赫爾曼頗為出名。

>> 3 秒鐘摘要

愛因斯坦像旋風般席捲物理界，他站在牛頓與伽利略等巨人的肩膀上，改寫了數百年來、集合許多精英心血而成的古典力學。

>> 相關主題

蘇黎世理工學院
第 28 頁
狹義相對論的基礎
第 74 頁

“走得越快，就會變得越短。”

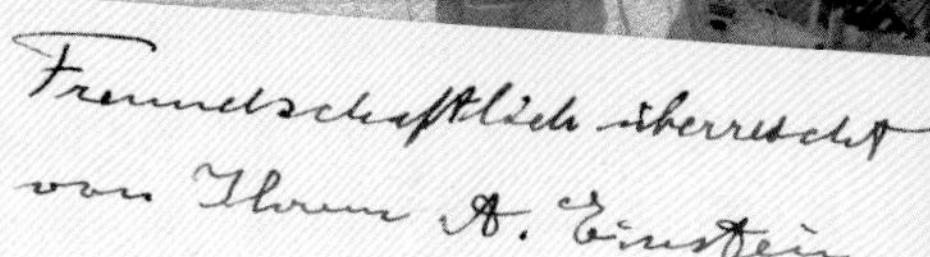

Über die spezielle und die allgemeine Relativitätstheorie

(Gemeinverständlich)

Von

A. EINSTEIN

Mit 3 Figuren

Dieses Exemplar ist
das erste, welches die
Druckerpresse verlassen hat.
Es wurde mir von
Herrn Prof. Einstein zugeschickt, unmittelbar nachdem
er es empfangen hatte,
kurz bevor ich nach
Frankreich ins Feld ging.
Hans Mühsam.
Berlin / z. Z. Französische
Front. April 1917.

SAMMLUNG VIEWEG 1786

Braunschweig
Druck und Verlag von Friedr. Vieweg & Sohn
1917

狹義相對論的結果

速度的極限

狹義相對論排除了超越光速運動的可能性，根據理論，如果這樣的「**超光速**」運動存在，那麼事件的因果關係可能被逆轉，也就是說，事情的結果會比讓產生它的原因還要先發生，這顯然是**不該存在的矛盾**。也由於這個速度上限的存在，當物體速度越快、越接近光速時，會變得越來越難以加速；當你跑得越快，就需要越多能量才能繼續加速，一直到你的速度達到光速時，此時所需的能量就是**無限**。

>> 3 秒鐘摘要

最初狹義相對論只是為了解釋兩個移動物體間的相對運動，不過最後它帶來的影響，卻大到改變了整個物理世界的面貌。

$E=MC^2$

如果要從物理界提名一個最出名的公式，或許就是 $E=MC^2$ 了吧。在狹義相對論的數學架構之下，我們可以很直接地得到這個公式，其中**能量**（E）、**質量**（M）與**光速**（C）之間所表示的重大意義是質量和能量可以等價轉換。假設有一堆煤礦，**煤礦**原本的質量與燃燒後剩下來的灰燼質量相比較後，會發現剩下的質量遠少於燃燒之前，但如果把質量差乘以光速平方，你就能得到燃燒過程中釋放出的總能量。愛因斯坦認為 $E=MC^2$ 相當重要，是一切的核心，並為此寫了一篇論文，而這個關係式也成為未來**核能**的理論基石。

>> 相關主題

能源
第 114 頁
超越光速
第 128 頁

量子自旋

次原子粒子（**Subatomic particles**）會表現一種特殊的屬性，物理學家稱之為量子自旋。我們日常中認知的旋轉是一種運動行為，就像速度或加速度；但自旋並不是一種旋轉運動，反之，量子自旋是粒子的基本屬性，更像是粒子的質量或帶電量。1924 年，奧地利物理學家**包立**（**Wolfgang Pauli**）提出了量子自旋的數學敘述，雖然理論看起來是對的，但其實包立並不知道這些數學背後代表什麼物理意義。三年後，英國理論物理學家保羅 · 狄拉克（Paul Dirac）將狹義相對論應用到**量子物理**上，替包立的數學找到了物理解釋。一直以來，量子物理都主導了次原子粒子的世界，不過愛因斯坦的理論開始讓量子物理得以將觸角延伸到某些意想不到的領域。

> “根據狹義相對論，質量與能量雖然表現不同，但本質是相同的。”

光
e = mc²
能量
質量

廣義相對論的基礎

加速度

愛因斯坦很了解狹義相對論並不完備，因為這個理論只能被應用在等速前進的物體，這也是他稱其為「狹義」的原因。在 1905 年到 1915 年間，他一直試圖**擴展**狹義相對論，讓這個理論也可以被應用到加速運動物體，也就是引入**慣性（inertia）**的概念。簡單來說，所謂的慣性就是重的物體（如汽車）會比輕的物體（如購物車）更難被加速。奧地利物理學家馬赫的**馬赫原理（Mach's principle）**便為了解釋慣性，他認為所謂的慣性，是由於物體相對於宇宙其他物體的相對運動所產生；愛因斯坦相信，如果能讓狹義相對論與馬赫原理相容，他就能找到正確看待慣性的方法。

>> 3 秒鐘摘要

由於認知到狹義相對論並不完備，愛因斯坦展開了生命中最艱辛也最值得的一段知識探索之旅。

重力

除了加速度，愛因斯坦也了解狹義相對論無法解釋重力效應。在當時最廣為接受的重力理論，仍然是牛頓於 1687 年提出的**萬有引力定律（universal gravitation）**。根據牛頓的理論，重力能夠以無限大的速度傳播，也就是假如太陽突然消失了，地球與其他的行星馬上就會感覺不到重力，也無法再繞行於以太陽為中心的軌道，接著飛出太陽系掉入浩瀚的宇宙。這個理論很明顯地與狹義相對論衝突，根據狹義相對論，任何物體的速度都無法超越**光速**，當然也包括重力。事實上，太陽光需要 **8.3 分鐘**才能抵達地球，因此地球要感覺到來自太陽的任何重力改變，都不能比這個時間短。從這個簡單的推理，愛因斯坦了解若是想寫出更能廣泛應用的相對論，或許必須從改寫牛頓定律開始。

>> 相關主題

狹義相對論
第 76 頁
廣義相對論
第 82 頁

「這真是一生中讓我最快樂的想法……。」在理解加速度與重力等價後，愛因斯坦這麼說。

等價原理

在**早期發展**廣義相對論的期間，愛因斯坦漸漸明白，重力與加速度緊密交織在一起，換句話說，重力和加速度是**等價**的。讓我們想像一下，現在有一個人被關在密閉的電梯裡，當電梯加速往地板掉落時，電梯內的人並沒有辦法分辨，這個加速度是因為電梯懸空、受到重力而下墜，或是電梯本身正在加速向下。前者的效應，與現在的你因重力而坐在椅子上是一樣的，但後者相當於搭飛機時感受到的飛機加速。愛因斯坦把無法分辨重力或加速度的狀況稱為**等價原理（equivalence principle）**。

牛頓

廣義相對論

時空彎曲

在 1912 年以前，愛因斯坦曾經想過，如果要創造一個通用的理論，唯一的途徑可能是讓狹義相對論中的平坦**時空**產生彎曲，畢竟，重力的主要影響就是彎曲物體在空間的移動路徑。在想想盤子轉動的行為後，愛因斯坦更堅信這是一條正確的道路。旋轉是加速度的一種形式（如烘衣機內的旋轉運動，就是讓衣服緊貼筒壁的主因），當盤子越轉越快，盤的外圈會由於**勞倫茲收縮效應（Lorentz contraction effect）**而變短，然而，盤子的半徑卻一直沒變。唯一能解釋兩者矛盾的方法就是，盤子本身產生了某種變形，也就是時間與空間被**彎曲**了。

愛因斯坦張量

不過問題來了，愛因斯坦要如何建立一個，能把這些幾何因素都考慮進去的數學理論？在他的朋友兼同事，同時也是一個幾何學的專家**馬塞爾（Marcel Grossman）**幫助下，他注意到了數學理論中的**微分幾何（differential geometry）**。這個理論是由德國數學家黎曼（Bernhard Riemann），在十九世紀晚期發展出來，主要的內容是利用**張量（tensor）**數學式來表達任意曲面上點與點的連結。所謂的張量，在數學上是指二維的數字陣列，類似於矩陣，其數字可用來描述空間中任意兩點的距離。經過多次反覆試驗，愛因斯坦終於找到一組張量，可以用來描述空間中的引力曲率，這個張量現在被稱為「愛因斯坦張量」。

場方程式

在必要的元素聚集後，愛因斯坦接下來要做的就是把數學的張量與實際上的物理聯結。首先，他將愛因斯坦張量對應到時空中產生重力的元素。在廣義相對論中，這又延伸出了新的張量，因為質量不是唯一重要的物理量，根據 $E=MC^2$，想當然爾，**能量**（如輻射）也要被考慮，另外還有**動量（momentum）**、壓力、物體內部的應力等也必須包含在內。「愛因斯坦場方程式」是廣義相對論**最重要的關鍵**，但它其實只是一組將「能量－動量張量」、與「愛因斯坦張量」聯繫起來的簡單公式。

>> 3 秒鐘摘要

透過能解釋彎曲時空的深奧數學，愛因斯坦把狹義相對論轉化成為新的重力模型，在這個理論當中，質量與能量會讓空間和時間彎曲。

>> 相關主題

狹義相對論的基礎
第 74 頁
狹義相對論
第 76 頁

“這個理論本身就是一種無比的美麗啊！”

——— 彎曲的時空

相對論的競賽

大衛 ・ 希爾伯特

1915 年 6 月，愛因斯坦訪問了德國的**哥廷根大學（University of Göttingen）**，提供一系列的講座，主題是狹義相對論以及還在草稿階段的廣義相對論。身為聽眾的傑出數學家大衛 ・ 希爾伯特（David Hilbert）對當時愛因斯坦推導不出場方程相當有興趣，於是開始自己的研究。他很快就找到**廣義相對論草稿中的一個錯誤**，並著手修正它。當愛因斯坦得知希爾伯特的研究成果，他立刻加倍努力，日以繼夜地完成這個理論；最後，兩人同時在 **1915 年 11 月**的後半推導出正確的公式。許多人認為希爾伯特其實比愛因斯坦早一步得到答案，但他並沒有聲稱自己是廣義相對論的發現者，而是把所有的榮耀歸於愛因斯坦。愛因斯坦在這場競爭中精疲力竭，他寫了一封信給朋友米歇爾 ・ 貝索（Michele Besso）說：「我真是心滿意足，不過實在累壞了。」

愛因斯坦－希爾伯特作用量

在推導廣義相對論的過程中，他們兩人採用了很不一樣的數學演算方式。愛因斯坦假設某一種**場方程**的型式為真，然後檢查它們是否在所有坐標系都有相同結果，以保留相對性原理；另一方面，希爾伯特則採取更**系統化的方法**，試圖直接從「作用量」回推出方程組。所謂「作用量」指的是量測鎖在系統中的能量，我們可以假設任何運動中的系統只具備最少的作用量，換句話說，自然界喜歡用最短路徑達成**最小阻力**，希爾伯特就是透過此假設來回推得場方程式。廣義相對論中的這個「作用量」，現在統稱為「愛因斯坦－希爾伯特作用量」。

亨利 ・ 龐加萊

對愛因斯坦來說，與希爾伯特的競賽其實並不陌生。十年前，當愛因斯坦正在發展狹義相對論時，他幾乎要被法國數學家**龐加萊（Henri Poincaré）**逼到絕境。其實從數學角度來看，龐加萊與愛因斯坦都得到了相同的結果，可惜的是，龐加萊錯過了方程式呈現關於空間和時間革命性的新畫面。正是因為身為物理學家的愛因斯坦擁有**過人的直覺**，最後才有辦法從數學式中掀開時空的面紗，這也是為什麼只有愛因斯坦被歷史認定為狹義相對論的發現者。

>> 3 秒鐘摘要

在尋找廣義相對論的場方程式中，愛因斯坦差一點就輸掉了這場戰役，為了成為第一個達陣的人，他只能加倍努力。

>> 相關主題

伯恩瑞士專利局
第 32 頁
廣義相對論
第 82 頁

「那個你所找到的數學系統，我已在幾個禮拜前發現（至少就我能看見的部分），並已在學術界發表。」
寫給希爾伯特的信。

halte Allgemeinheit als gültig vermutet wurde, entwic

19. Jahrhundert wesentlich als eine Folge eines Satzes der

Mechanik ein Pendel, dessen Masse zwischen

A und B hin und her schwingt.

B) verschwindet die Geschwindigkeit

Masse steht um h höher als

im Punkte C der Bahn. In C

h — C — B

Hubhöhe verloren gegangen; dafür aber hat die Masse die

keit v. Es ist, wie wenn sich Hubhöhe in Geschwindig

keit restlos verwandeln könnten. Die exakte Bezie

$$mgh = \frac{m}{2} v^2,$$

essante Lage nun der Erdschwere bedeutet. Das Inter

dass diese Beziehung unabhängig ist von der Länge

überhaupt von der Form der Bahn in welcher die M

Interpretation: Es gibt so etwas (während die En

des Vorgangs erhalten bleibt. In A ist diese Energie e

oder „potentielle Energie" in C eine Energie der Be

diese Auffassung das Wesen der Sache

Energie" Wenn diese Summe

richtig erfasst so muss die Summe

$mgh + m\frac{v^2}{2}$

alle Zwischenlagen denselben Wert haben, wenn man beliebigen

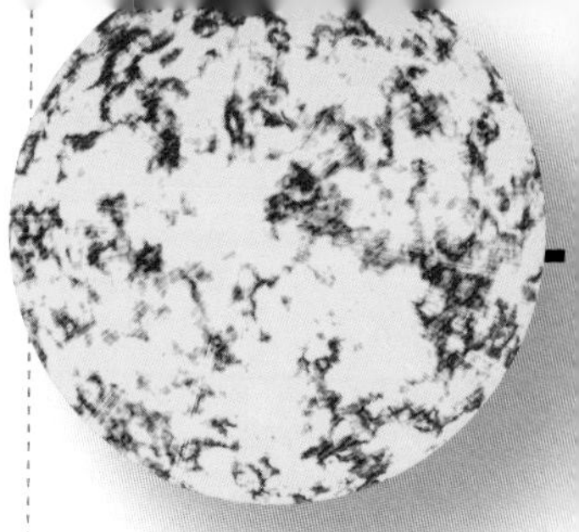

廣義相對論的結果

重新定義太陽系

廣義相對論讓物理學家用全新的眼光看待重力，不同於過去以為重力是具質量物體之間互相交換的力，如今重力是一種機制，塑造了物體存在的時空。太陽不再需要**拖拉著**太陽系內的行星，要求它們在規定的軌道上運轉，而是透過太陽的質量，讓時空從平坦變得彎曲，形成了**環狀的路線**，行星在這個時空中自然地運行。**太陽**系的空間像是巨大的彈性橡膠板，而太陽是正中央的一顆大型保齡球，因此讓橡膠板往中間凹陷，於是一旁的行星們就如同彈珠般，在橡膠板上的軌道滾動。

重力紅移

廣義相對論也帶來一些**微妙的預測**。在愛因斯坦的理論中，重力會對光或其他物質作用，此時光束將因為必須翻越一個重力場而喪失能量。由於光束的能量與光的**頻率**成正比，因此當高頻光（如藍光）翻越重力場時頻率會降低，而偏向光譜中的紅色。這就是為什麼我們稱此效果為「重力紅移」（gravitational redshift）。另一個相似的現象就是時鐘會在重力場跑得慢些，類似於快速運動的物體會感受到時間膨脹，因此受重力影響而加速的物體會形成自身的**「重力場時間膨脹」（gravitational time dilation）**效應。

坐標系拖曳

時空和物體可以用某些奇怪的方式結合，其中一種現象稱為**「坐標系拖曳」（frame dragging）**，旋轉中的物體可以拖動周圍的空間和時間，讓它們像是以勺子攪動鍋中糖漿地圍繞著自己。這個現象最初於 1918 年提出，由兩個奧地利物理學家**約瑟夫（Josef Lense）**與**漢斯（Hans Thirring）**根據愛因斯坦的理論推導而成。1921 年，愛因斯坦基於他們的研究進一步分析，認為拖拽現象也意味著物體的慣性會因周圍的狀態有所增減。愛因斯坦將此結論視為一大突破，因為這似乎是相對論與**馬赫原理**能相互結合的證明。

>> 3 秒鐘摘要

廣義相對論翻轉了理論物理界，而牛頓的定律完全被改寫，愛因斯坦因此感到很有成就感。

>> 相關主題

狹義相對論
第 76 頁
廣義相對論的基礎
第 80 頁

> 「如果我們能知道這些事情的意義，它就稱不上是研究了，不是嗎？」

太陽系
渦狀星系
（Whirlpool Galaxy）

相對論的證據

粒子衰變

現今**粒子加速器**（**particle accelerators**）的實驗幾乎每天都證實著狹義相對論的正確性。粒子加速器是一個能將粒子加速到接近光速的機器，並讓粒子發生**碰撞**、解體，以研究粒子內部的結構與運作。部分碰撞後飛出去的碎片，會在一段能精確界定的時間內自然地衰變為其他粒子。這些碎片在粒子加速器的移動速度非常快（接近光速），在狹義相對論中的**衰變時間**就會因此而延遲。在遍布世界各地的加速器實驗中，科學家不斷地量測加速器中粒子的衰變時間，結果發現數值與相對論的預測完全一致。

水星的軌道

天文學家很早便知道水星的軌道與其他行星不太一樣。所有繞行太陽的行星，都遵行固定的**橢圓軌道**運轉，但水星的橢圓軌道卻還會繞著太陽旋轉，因此產生薔薇花狀的圖案；長久以來，這個問題都稱為**「近日點進動」**（**或近日點歲差，perihelion precession**）。有些天文學家甚至認為也許還有一顆未發現的行星潛伏在水星軌道中，他們稱其為**「祝融星」**（**Vulcan**），這顆隱藏行星的引力拖著水星，軌道因此變得複雜。然而，當我們透過廣義相對論重新分析水星軌道，很快就會發現祝融星沒有必要存在，整個軌道運動可以用廣義相對論完美解釋。

彎曲的光線

眾多證明廣義相對論的實驗中，最具有代表性的是英國天文學家**亞瑟・愛丁頓爵士**（**Sir Arthur Eddington**）在1919年做的測量，也是廣義相對論首度被證實的實驗。愛丁頓的目標是觀測遠方恆星發出的光線，根據廣義相對論，光線會受到太陽重力而**彎曲**，但弧度約只有1.7角秒（1角秒相當於1/3600度）。因為在太陽的強光之下根本觀察不到如此細微的角度，於是天文學家耐心等待**日全食**到來，當明亮的太陽圓盤被月球遮蔽就是證明相對論的好時機。當時愛丁頓率領一支探險隊，選定了位在日全食路徑上的西非普林西比（Príncipe）島。雖然天氣不是很好，但愛丁頓仍然從雲隙間拍到照片，分析後發現結果完全符合廣義相對論。

>> 3 秒鐘摘要

有句話是這麼說的：「偉大的理論，需要同樣不凡的證據。」這句話應用在相對論上真是太貼切不過了。雖然，就算沒有這些證據，愛因斯坦仍然堅信他的理論。

>> 相關主題

狹義相對論
第 76 頁
天文物理
第 136 頁

「如果事實無法證明我的理論，那就改變那些事實。」

粒子碰撞
亞瑟 · 愛丁頓爵士

廣義相對論的延伸應用

重力透鏡

愛丁頓在 1919 年對星光受太陽引力而彎曲的量測令人印象深刻，這個實驗完美展現了重力如何影響空間。1936 年，愛因斯坦以此實驗為基礎將理論的應用規模擴大；他發表了一篇研究論文，詳細說明當光線**從遙遠的天體**穿越宇宙時，會如何受到重力的影響而彎曲。這篇論文對天文學研究影響重大，重力彎曲光線的效應可類比為透鏡，它如同望遠鏡般會把遠處物體放大。**重力透鏡效應（gravitational lens）**首先在 1979 年被證實，天文學家觀測到大熊座（Ursa Major）附近的類雙星體（Double Quasar），其實是在重力透鏡效應影響下的兩個影像。

重力波

馬克斯威爾的**電磁理論**預測了電磁波的存在，而光波與無線電波都是電磁波的一種。愛因斯坦透過非常類似的方式，利用廣義相對論預測所謂的重力波（gravitational wave）。重力波像是存在於彎曲時空中的漣漪，當重力波通過時物體就會感受到重力的影響。重力波只能以加速中的重力源產生，而且除非**加速中的重力源**異常強勁，否則重力波非常微弱。一直以來，物理學家都試圖建立許多精密的觀測站以偵測重力波，但目前尚未有實驗成功的例子。不過，透過觀測天鷹座（Aquila）內的**雙中子星系（double neutron star system）**發現，兩星互繞的速度符合相對論，間接證明重力波的存在。

愛因斯坦－嘉當理論

1922 年，法國物理學家**埃利 · 嘉當（Élie Cartan）**修改了廣義相對論。他在描述重力起源的能量－動量張量中加入了**轉動力（rotational forces）**。嘉當採用的數學形式與量子自旋一致，愛因斯坦對這個嘗試印象深刻，並在 1928 年發表的**平移重力論（theory of teleparallelism）**中採取了類似的做法；平移重力論是愛因斯坦在嘗試建立統一場論的過程中提出的眾多理論之一。不過，無論是平移重力論或愛因斯坦－嘉當理論當時都沒有得到重視。然而，近年眾多研究試圖將相對論與量子力學統一，人們又重新注意到了愛因斯坦－嘉當理論。一般認為，此理論處理**旋轉**的方式特別適合量子世界。

>> 3 秒鐘摘要

愛因斯坦與眾多理論物理學家將廣義相對論推廣到全新層次，為我們展現它如何在宇宙中掀起漣漪，也讓天文物理學家得以把重力當作巨大的望遠鏡。

>> 相關主題

統一場論
第 100 頁
天文物理
第 136 頁

“生命就像騎腳踏車，一邊前進還要一邊保持平衡。”

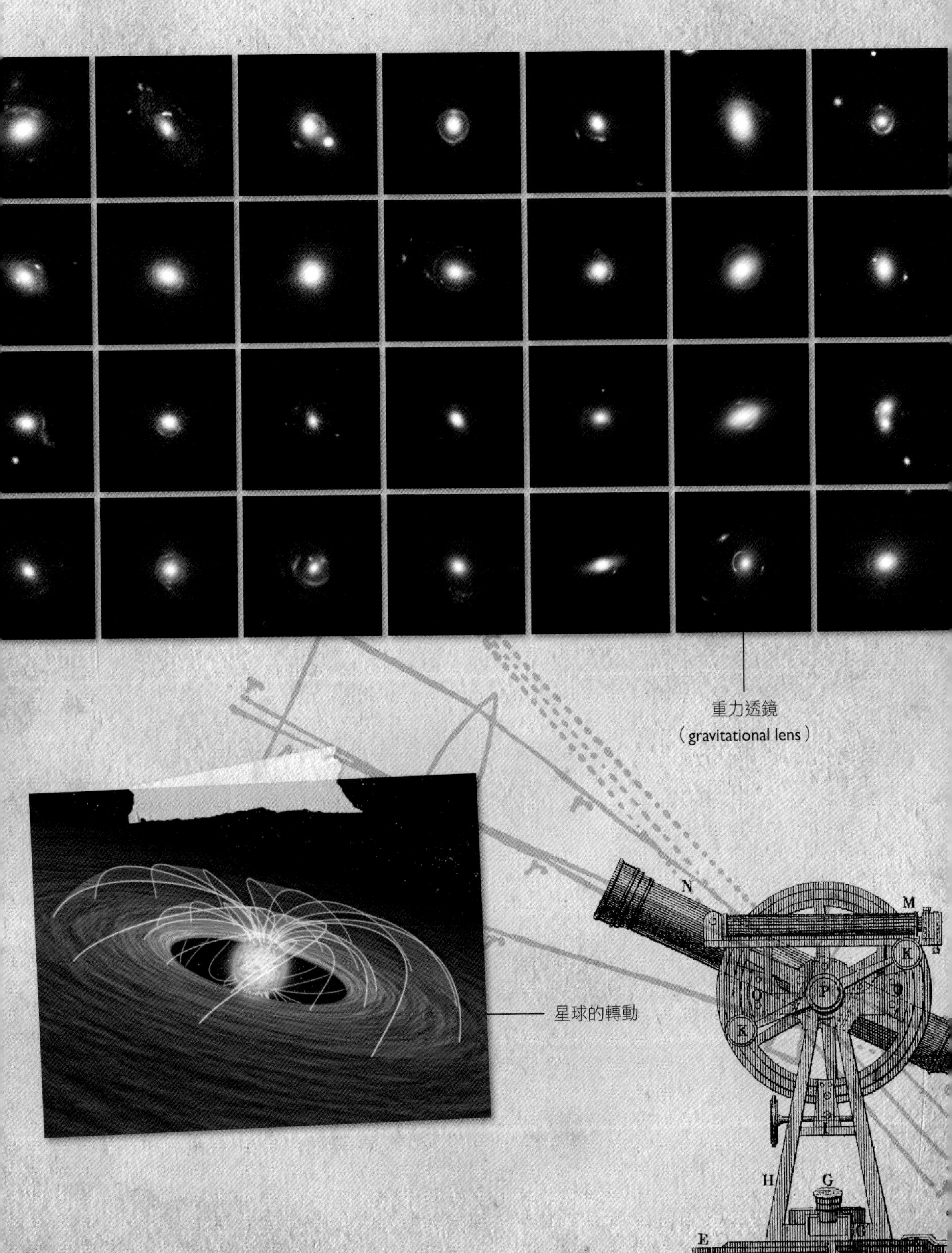

重力透鏡
（gravitational lens）

星球的轉動

黑洞

暗黑的星體

在廣義相對論優雅地解釋眾多奇妙現象中，最不可思議的現象之一就是宇宙存在著某些重力強大的空間，重力大到即使光也無法逃脫。大多數廣義相對論的早期計算都採用了近似的技巧，這樣的近似數學幾乎完備地解釋了相對論。但在 1917 年，德國物理學家**卡爾．史瓦西（Karl Schwarzschild）**率先找到第一個精確解以描述**靜態物質**周圍的重力場。這個精確解描述當物質被壓縮到一定程度時，它的重力就強大到阻止光線逃逸，這物質被壓縮的尺度今日稱為「史瓦西半徑」。而這種物質就是我們現在說的**「黑洞」（black hole）**。

>> **3 秒鐘摘要**

科學家很快地便發現，廣義相對論為宇宙學帶來了許多奇妙的現象，像是暗黑但質量極大的「洞」。在偶然的機會下，愛因斯坦甚至找到了理論上穿越這些洞的可能性。

事件視界與奇點

一般來說，**史瓦西半徑**可以用 $2Gm/c^2$ 公式算出，其中「c」是光速、「G」是牛頓的萬有引力常數、「M」是星體的質量。根據這個公式，太陽的史瓦西半徑約 3 公里左右。如果你能透過某些物理機制（例如超新星爆炸）將其內核壓縮到 3 公里，太陽就會變成一個黑洞，而黑洞的邊界，也就是距核心史瓦西半徑處，稱為**「事件視界」（event horizon）**；在事件視界以內連光都無法逃脫，任何墜入事件視界的物體都注定一去不復返，只能一路墜落到黑洞中心被強大的重力粉碎。這個密度無限大的黑洞中心就是所謂的「奇點」（singularity）。

>> **相關主題**

超越光速
第 128 頁
天文物理
第 136 頁

蟲洞

愛因斯坦並不喜歡物理量可能無限大的想法，但理論中的黑洞中心（奇點）卻是密度無限大的地方。1935 年，愛因斯坦與普林斯頓的同事**羅森（Nathan Rosen）**共同找到了一個解套的可能：如果用「-r」替換與黑洞中心的距離「r」，史瓦西方程式仍然會成立。這給了愛因斯坦和羅森一些靈感，或許物質有可能穿過奇點達到一個以負數坐標表示的新空間。在繼續深入研究後，他們發現此方式確實可行，並將此理論命名為**「愛因斯坦－羅森橋樑」（Einstein-Rosen bridge）**；不過，今日已經有個更好的名字──**「蟲洞」（wormhole）**。

“想像力比知識更重要，因為知識是有限的。”

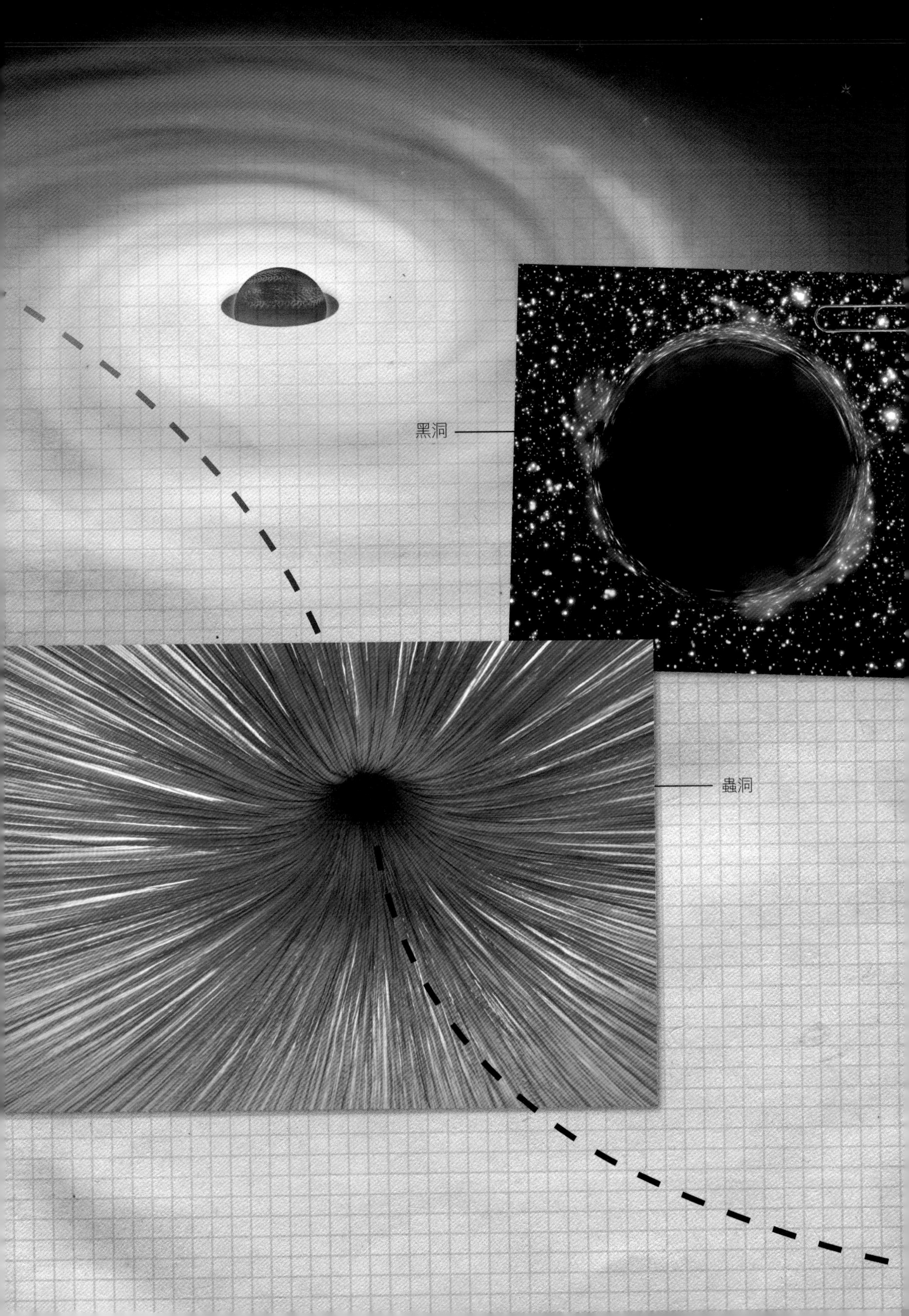
黑洞
蟲洞

統計力學

布朗運動

布朗運動指的是懸浮顆粒在流體（氣體或液體）內的**隨機運動**。這個現象首先被十九世紀的蘇格蘭植物學家**羅伯特・布朗（Robert Brown）**注意到，他從花粉粒腔體內觀察到微小的塵埃會有特定的振動行為，這樣的隨機運動便以布朗為名。1905年，愛因斯坦構建了一個解釋布朗運動的理論：布朗運動是來自塵埃與空氣分子間的隨機碰撞，即使單一分子太小而不足以直接改變塵埃的運動狀態，但由於有相當數量的原子隨機從各方向撞擊塵埃，最後就形成了這樣的振動行為。雖然等了將近一世紀，科學家才終於對布朗運動有較確切的掌握，不過愛因斯坦的模型提供了第一個確鑿的證據，證明**原子確實存在**。

玻色－愛因斯坦統計

在愛因斯坦關於布朗運動的論文中，他應用了**動力學理論（kinetic theory）**。此理論說明流體的性質（如溫度、壓力）是由**原子**和**分子**的運動所造成。動力學理論催生了強大的統計力學，透過複雜的統計方法，可以推斷一群物質粒子的平均物理性。1924年，印度物理學家**薩特延德拉・納特・玻色（Satyendra Nath Bose）**，發表了一篇首度能與量子力學相容的統計力學論文，不過玻色的分析只能應用在光子（光的粒子）上；愛因斯坦看到那篇論文後立即意識到這篇論文可以延伸到解釋與光子擁有相同量子自旋數的氣體分子。這個理論能夠準確地描述由整數自旋（如0、1、2、3等）粒子所組成的物質行為，後來被稱為「玻色－愛因斯坦統計」（Bose-Einstein statistics）。

玻色－愛因斯坦凝聚

遵守玻色－愛因斯坦統計定律的粒子，稱為**「玻色子」（Boson）**，例如像是**氦**一樣由偶數電子組成的原子。其中的推論之一是玻色子的氣體在充分冷卻後，會突然下降到量子理論能允許的最低能階，也就是所謂的基態。當這種情況發生時，所有的粒子活動會非常一致，於是氣體的行為就像一顆很大且遵循量子規則的粒子；這個現象被稱為**玻色－愛因斯坦凝聚（Bose-Einstein condensates）**。1995年科羅拉多大學的研究人員，首次透過實驗製造出玻色－愛因斯坦凝聚。

>> 3秒鐘摘要

愛因斯坦也曾經對量子力學毫無成見，並試著將量子小世界裡的理論應用到大尺度上。

>> 相關主題

熱力學
第70頁
狹義相對論的結果
第78頁
粒子加速器
第120頁

“那些懸浮在流體且尺度小於1/1000公釐的粒子，會產生一種肉眼可觀測的隨機運動，這個現象被植物學家布朗觀察到了。”

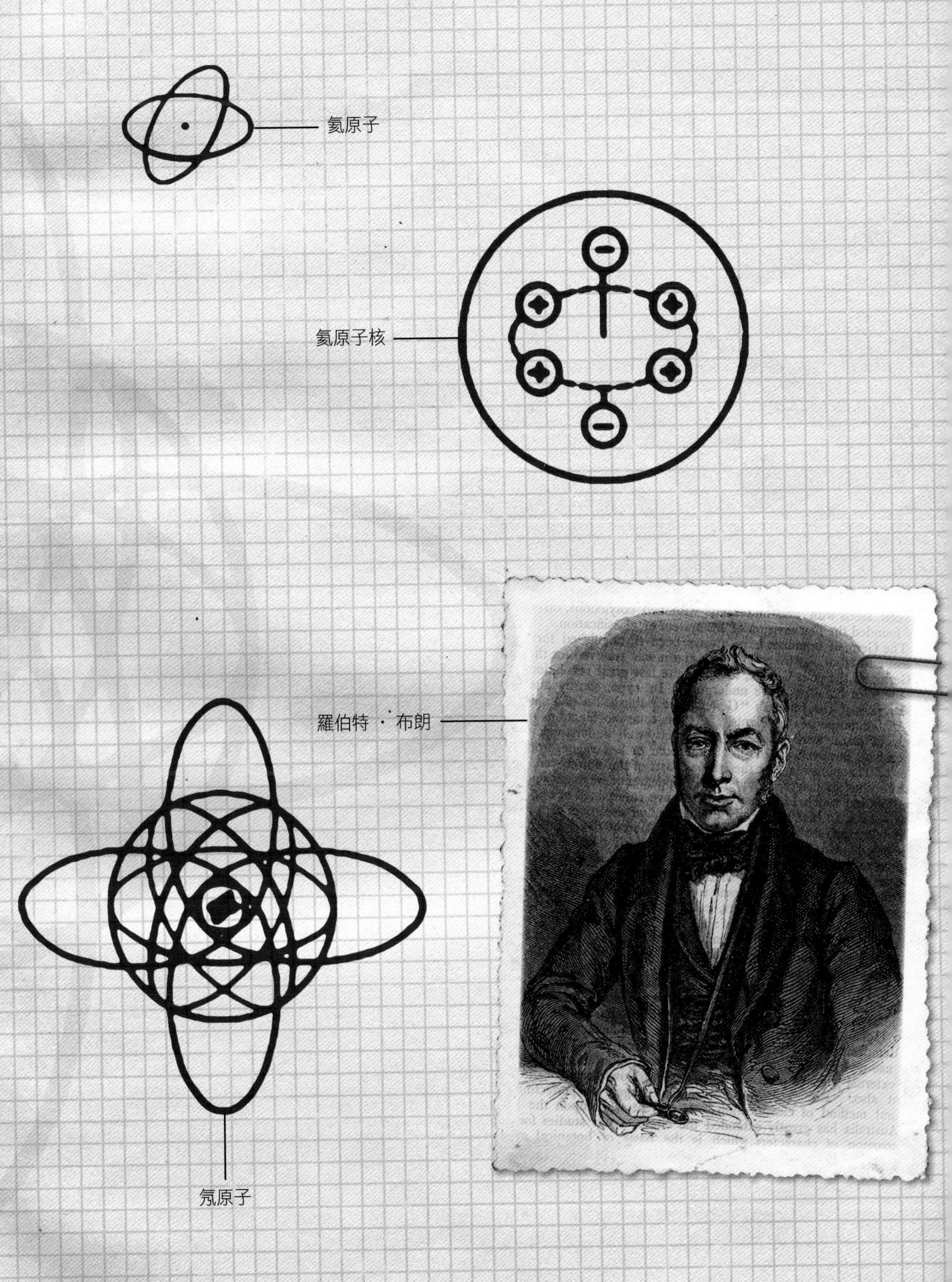
氦原子
氦原子核
羅伯特・布朗
氖原子

量子的世界

上帝不擲骰子

量子理論是物理學的一個分支，主宰了**微小的原子**與分子世界中的行為，而愛因斯坦痛恨它到了極致。這或許聽起來有點怪，因為在他自己發展出的光電效應中，光就是由稱為**光子**的量子粒子組成，在當時還掀起革命性的風潮。但隨著量子理論的發展，「不確定性」的概念讓他感覺很不舒服，猶如芒刺在背。根據量子理論，你永遠無法知道一個粒子在某個時間的確切物理性質，只能得到粒子處於不同物理狀態的**機率**。他一直到死都憎恨著這種不確定性。

>> 3 秒鐘摘要

身為量子物理早期理論的催生者之一，愛因斯坦一生都與這個主宰次原子世界的理論有著愛恨交織的情結。大多數的時候他都痛恨它。

EPR 悖論

1935 年，愛因斯坦、**羅森**以及**波多爾斯基（Boris Podolsky）**共同發表了一個關鍵的假想實驗。根據量子理論中的**哥本哈根詮釋（Copenhagan interpretation）**，在粒子被測量出來以前都處於不確定的狀態。而有些次原子粒子會產生衰變，然後分裂成新的粒子對；這個粒子對中的兩個粒子的自旋屬性會剛好相反，一個向上，一個向下。因此雖然根據哥本哈根詮釋粒子的性質在被測量前都不確定，但這兩個粒子之間卻存有連結；也就是說，當其中一個被測量到時，另一個粒子的自旋態也會在此瞬間被決定。愛因斯坦認為，這暗示著即使未經測量，我們還是可以知道一個粒子的狀態，這與哥本哈根詮釋互相矛盾。這個假想實驗被稱為愛因斯坦－波多爾斯基－羅森（EPR）悖論，並催生了**「量子糾纏」（quantum entanglement）**。

>> 相關主題

物質的結構
第 66 頁
光的性質
第 68 頁
量子糾纏
第 122 頁

愛因斯坦的貓

愛因斯坦提出 EPR 悖論的同年，奧地利理論物理學家**薛丁格（Erwin Schrödinger）**，想出了另一個量子假想實驗。假設有一隻貓被困在盒子裡，盒內吊了一罐裝有毒氣的小瓶，其開關被放射性物質控制。當放射源產生衰變，毒氣就會被釋放，造成貓死亡；反之，貓則能好好地活著。根據哥本哈根詮釋，在測量**放射性物質**之前，它可能已經衰變，也可能還沒；因此在盒子打開並進行測量之前，貓既是死也同時活著。這個假想實驗就是有名的「薛丁格的貓」。不過鮮為人知的是，此實驗靈感來自一封**愛因斯坦的信**，信中他假設有一堆受到量子不確定性控制的火藥，每一個瞬間它都是被引爆又尚未被引爆。

> “量子物理越是被愛戴，它看起來就越愚蠢。”

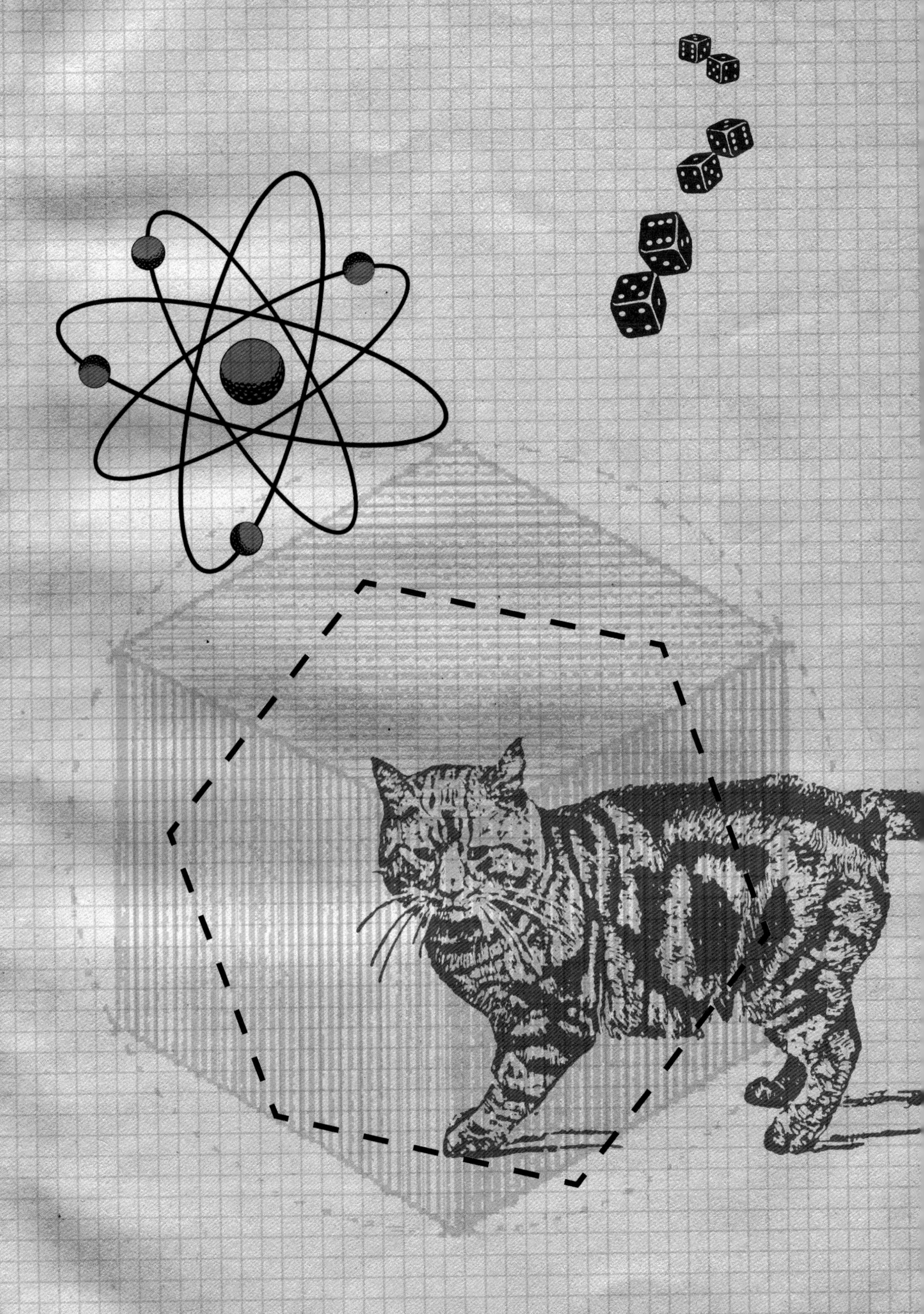

宇宙學

球形宇宙

許多主修物理的學生或許也好奇，宇宙的盡頭是什麼？ 1917 年，愛因斯坦利用相對論提供了一個答案。喔！或者是說，提供了一個躲避這個問題的方法。因為如果愛因斯坦是正確的，空間不會在任何地方結束，也沒有邊界；就如同地球是球體，這顆球體上沒有邊界。愛因斯坦認為，廣義相對論可能使整個宇宙的時空彎曲成一顆沒有邊界的**巨大球體**，於是，自然不需要討論宇宙的盡頭。當然，宇宙並不像地球表面是二維的球面，而是**三維的球體**。如果你透過一具超級強力**望遠鏡**往宇宙深處看去，你可能會發現不管往什麼方向望去，都只能看見自己的後腦勺。

>> 3 秒鐘摘要

愛因斯坦走向更廣大的領域（實質上的廣大），他將廣義相對論推廣到整個宇宙。根據他的計算，宇宙應是球型且孤立，而一切從虛無中誕生。

宇宙的外面是什麼呢？

球型宇宙聽起來很美好，但球面之外又是什麼？我們知道包圍地球之外的是整個宇宙空間，那麼又是什麼東西包圍了宇宙？**宇宙外面是什麼**？根據廣義相對論，答案或許出乎你的意料——什麼也沒有；不是空曠的空間，而是絕對的虛無，沒有空間、沒有時間、沒有物質也沒有能量，**什麼都沒有**。這是因為根據相對論，我們處在三個空間維度加上一個時間維度的宇宙，因此，不同於地球或其他行星會占據一個球型空間，我們的宇宙是唯一的特例（至少，就我們所知），所謂的宇宙「外面」並不存在。

>> 相關主題

黑洞
第 92 頁
近代宇宙學
第 138 頁

從虛無中誕生

跟所有其他老掉牙的故事一樣，愛因斯坦在過馬路時獲得了靈感。某天，他和普林斯頓的同事、著名的俄羅斯物理學家**伽莫夫**（**George Gamow**）一起散步，伽莫夫提起一名學生曾經計算當一顆恆星的質量被濃縮到一個點，那麼這顆星體的**淨能量**會是零；因為恆星質量與其重力場內的能量，會剛好形成量值相等、方向相反的狀況。根據文獻，愛因斯坦聽到這裡突然如同化石般定住，站在路中央擋住了所有來車的去向，就在這個時刻他發覺同樣的原則也應該能適用於宇宙，所有的行星、恆星、星系的質量總和應該正好與重力能達成平衡。於是我們的宇宙真的能**從虛無中誕生**，在此之前這世界一無所有。

“這世上只有兩樣東西是無限，一個是宇宙，另一個是人類的愚蠢。後者的形成機制我完全沒有頭緒。”

C
H
B
G
G
F
F
E
U
S
T
O
O
Q
a
a
a

統一場論

統一一切的力量

相對論取得全面性的勝利後，愛因斯坦的人生重心就轉而放在追尋能**解釋所有物理學的理論**，也就是所謂的「**統一場論**」。當時的科學家僅知道兩種自然力存在——重力與電磁力，愛因斯坦的目標就是找到一個將兩者合而為一的理論。時至今日，我們能確認的已知作用力共有四種，另外兩種力都發生在原子核內，分別為弱力與強力，分別在 1920 與 1950 年代發現。而 1920 至 1930 年代時，世界各地紛紛以頭條報導愛因斯坦找到了新的統一模型，將帶領人類進一步認識**宇宙**。不過，隨後此模型被發現一個致命的缺陷，一個無可避免的缺陷。

>> 3 秒鐘摘要

愛因斯坦幾乎將整個後半生投入了一場徒勞無功的追尋，試圖找到能統一所有自然作用力的理論。直到今日，物理學家還是不能確定這樣的理論是否存在。

卡魯扎－克萊因理論

卡魯扎－克萊因理論（Kaluza-Klein theory）是眾多統一場論的嘗試之一，也是愛因斯坦重要的靈感來源。這個理論奠基於 1919 年，由德國數學家西奧多 ・ 卡魯扎（Theodor Kaluza）提出，後來被瑞典理論物理學家奧斯卡 ・ 克萊因（Oskar Klein）發揚光大。整個理論的核心是**五維時空**，重力存在於一般的四維時空內，但會與第五維時空相互作用，然後產生我們在大尺度底下感受到的電磁力。克萊因的主要貢獻在於解釋為什麼我們看不見第五維度，理論中第五維緊緊地蜷縮了起來，所以無法被看見；這個理論也預測了一個新粒子——**radion**，控制著第五維度的尺寸。雖然最初提出的卡魯扎－克萊因理論被發現許多缺陷，但直到今日它仍然是某些理論物理（如**弦論**）用來解釋多維時空或預測新粒子的架構。

>> 相關主題

近代統一理論
第 118 頁
粒子加速器
第 120 頁

真的有統一一切的理論嗎？

也有部分科學家懷疑，這樣的統一場論（更新的稱呼是**萬有理論**）是否真的存在？也或許我們永遠找不到它。物理學家在 1970 年代有了一些進展，電弱理論（electroweak theory）成功地統一了弱力與電磁力，而且在合併強力方面也有進展。但是，反觀愛因斯坦一生的愛——**重力**，卻始終拒絕與其他作用力為伍。即使如愛因斯坦這般偉大的科學家（可能前無古人，後無來者）為統一場論投入畢生心血，最後仍然是無疾而終。因此許多人認為統一場論最終可能會是物理學的**一場大悲劇**。

“物理的世界非常公平，一個能包含一切的萬有理論，只會在非常受限的條件下存在，再也沒有比這更公平的事了。”

放電
分子的三維立體結構

愛因斯坦的哲學

圖片勝過一切文字

從幼年開始，愛因斯坦就喜歡以**圖像思考**，他的視覺洞察和直覺帶來許多靈感，引領年輕的他找到許多突破性的理論。年輕的愛因斯坦曾想像騎車與光束一起前行會發生什麼事情？這就是狹義相對論的種子；同樣在廣義相對論他也靠一個想像實驗導出了**等價原理**。或許對大多數的**理論物理學家**來說，數學是他們最熱愛的工具，但對愛因斯坦而言，這只是最後的手段，因為他必須透過數學說服他的同事。不過，愛因斯坦似乎在晚期放棄了圖像思考，或許是因為**強大的數學工具**幫助他找到清楚且直接通往廣義相對論的路。一些歷史評論家認為，愛因斯坦在晚年之所以鮮少有重大發現，或許放棄圖像思考是原因之一。

演繹推理

愛因斯坦最喜愛先用**直覺**找出綜觀的大方向，再計算細節。狹義相對論的大方向是相對性原理與光速的恆定性；而廣義相對論則是等價原理與重力能彎曲時空幾何。哲學家說這是由於愛因斯坦偏好**演繹推理法（deductive reasoning）**，也就是先找出結果再推敲細節以解釋這個結果。這與其他物理學家相當不同，一般來說，科學家總是先**歸納實驗數據**，接著試圖從中發現趨勢，最後才下定結論。

眼見為憑

年輕的愛因斯坦絕對是個只信奉**眼見為憑**的科學家，他只對能在大自然觀察到的現象感興趣，無法透過實驗證實的理論總是被他嗤之以鼻；或許，這就是他拒絕接受牛頓的**絕對空間**理論的原因。不過，後來愛因斯坦稍微放寬了自己的原則，可能是源自與量子力學的長期抗戰；為了反對量子力學，愛因斯坦轉而支持替代模型**「隱變量理論」（hidden variable theory）**。直到 1960 年代，隱變量理論仍無法透過實驗證實。

>> 3 秒鐘摘要

想知道如何像愛因斯坦一樣思考嗎？直覺、假想實驗、演繹推理以及強而有力的證據，就是愛因斯坦之所以成為偉大物理學家的要素。

>> 相關主題

狹義相對論的基礎
第 74 頁
廣義相對論的基礎
第 80 頁
最大的失誤
第 104 頁

“科學家只是可憐的哲學者而已。”

Dampfmaschinchen denken, das
Du mir mitbrachtest, als Du
einmal von Russland kamst.
Es hat so ausgesehen:

Kannst Du Dich noch daran erinnern
dann, als Du in München mit
Deiner schlanken und schelmisc
jungen Frau bei uns warst, und
endlich, als ich Dich nach langen
Jahren, kurz vor der Verheiratung
Deiner Susanne in Antwerpen

最大的失誤

隱變量

愛因斯坦永遠也不會承認，他**最大的挫敗**就是固執地不願意相信量子理論，他甚至花費了許多時間在研究一個替代量子理論的隱變量理論。愛因斯坦憎恨著量子理論彌漫著不確定性，當中看似相同的系統卻能用完全不同的方式表現。隱變量理論則認為這些看似相同量子系統中的不同參數，其實只是被隱藏起來，因此創造了系統是不確定的**錯覺**。愛爾蘭物理學家**約翰 · 貝爾（John Bell）**隨後指出讓隱變量理論成立的條件，是必須符合某些數學不等式。1982 年，法國物理學家**阿蘭 · 阿斯佩（Alain Aspect）**進行了一個具有里程碑意義的實驗，此實驗推翻了貝爾的不平等式，證明隱變量理論是錯誤的。

宇宙常數

廣義相對論於 1915 年發表後不久，愛因斯坦就嘗試把它應用到整個宇宙，想看看在這樣的大尺度下會找到什麼。他很快地發現方程式似乎在告訴他，宇宙不應該是靜態的，而是有必要的擴張或收縮。但是，根據當時的**天文觀測**，宇宙確實是靜態的，所以愛因斯坦在理論中加入了「宇宙常數」，藉此把長距離的重力影響抵消，讓宇宙保持靜態。當天文學家在 1920 年代晚期終於發現宇宙確實正在**擴張**，愛因斯坦相當高興，立刻宣布宇宙常數是他科學生涯**最大的失誤**。不過，這個宣布本身也許才是真正的錯誤，因為根據最近的研究，宇宙常數非常有可能確實存在。

大霹靂

雖然愛因斯坦接受了宇宙可以從虛無中誕生（即後來的大霹靂理論），但早期的他**相當排斥**這個想法。1927 年，比利時物理學家**喬治 · 勒梅特（Georges Lemaître）**以廣義相對論為基礎提出了大霹靂理論，他也是最早提出大霹靂理論的科學家。當時愛因斯坦並不喜歡勒梅特的理論，因為該理論中的宇宙必須從一個奇點誕生，而其中的重力無限大，就像黑洞中心的奇點一樣，他認為這樣的奇點**不符合物理原則**。後來的物理學家發現奇點可以不存在，但這麼做的前提是引入愛因斯坦最憎恨的怪物——量子理論。

>> 3 秒鐘摘要

愛因斯坦和所有人一樣會犯錯。他拒絕接受的量子理論已被證實且應用在現今生活的每個角落。同時，他也錯過了預測宇宙正在膨脹的機會。

>> 相關主題

黑洞
第 92 頁
近代宇宙學
第 138 頁

“一個從不犯錯的人，就是從不嘗試的人。”

時間表

1901

愛因斯坦發表人生第一篇論文。這篇論文主要探討液體沿細管上升的現象，稱為毛細現象。

1905

奇蹟之年，愛因斯坦一口氣發表了四篇論文，篇篇都對物理界產生革命性的影響。其中兩篇論文為狹義相對論的起點。

1915

愛因斯坦又花了十年的時間，將重力與加速運動結合，完成了廣義相對論。

1917

愛因斯坦將「宇宙常數」加入廣義相對論的算式中，為了防止宇宙在理論中出現膨脹現象。然而，十二年後，科學家發現了宇宙的膨脹性質。

1917

當愛因斯坦將廣義相對論套至宇宙時，激發他認為大尺度下的空間可能會彎曲，並呈球體。

1919

英國天體物理學家亞瑟 · 愛丁頓利用著名的日蝕觀測證實了廣義相對論，愛因斯坦因此在一夕之間成為家喻戶曉的名人。

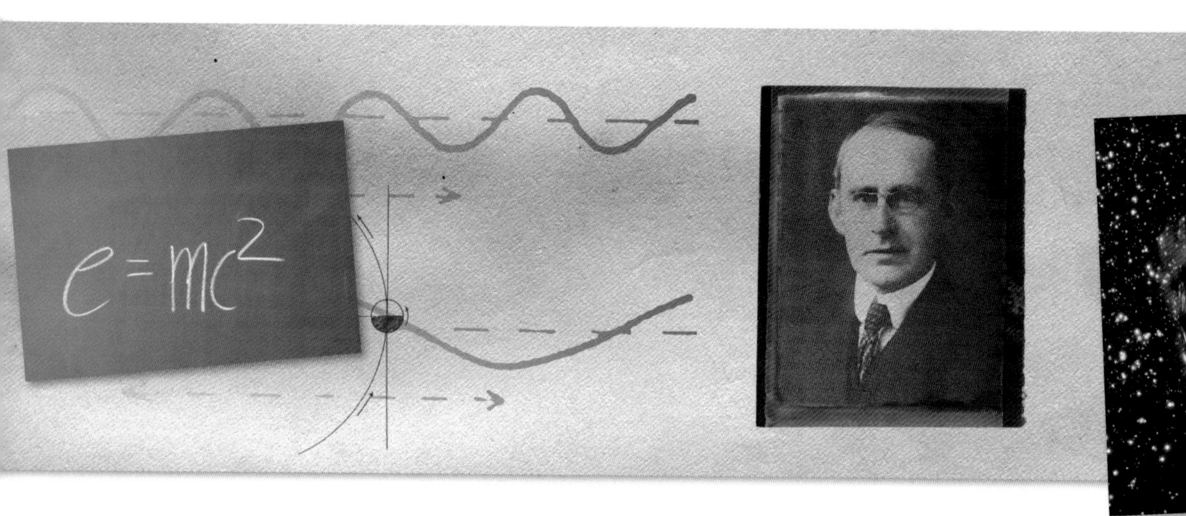

1923

在愛因斯坦獲得 1921 年諾貝爾獎的致詞中，他提到他的下一步是試著結合重力與電磁理論。

1924

印度物理學家薩特延德拉 · 納特 · 玻色發表了一篇光子分析，愛因斯坦將此分析延伸到預測大量物質的性質。

1926

在一封寫給德國物理學家馬克斯 · 波恩（Max Born）的信中，愛因斯坦說：「上帝不玩骰子」。清楚表達他對量子不確定性的不信任。

1930

愛因斯坦與西拉德所研發的冰箱獲得美國專利，此冰箱不需電力。但很快地就被其他冷卻效果較高的電冰箱取代。

1935

愛因斯坦以及羅森（Nathan Rosen）認為也許我們可以穿越某種黑洞，而這種黑洞就是我們熟知的蟲洞。

1935

愛因斯坦、羅森以及波多爾斯基都認為量子間的成對聯結現象十分不合理。但最後此現象非但正確，還因他們所發表的假想實驗催生了量子糾纏概念，成為量子理論中的基石。

專有名詞

原子
Atoms

化學元素的基本組成。

黑洞
Blackhole

一種密度極高而讓光無法逃脱其重力場的物體。

布朗運動
Brownian motion

粒子的顫動的運動行為，如空氣中的灰塵微粒。布朗運動由愛因斯坦在 1905 年提出解釋。

宇宙常數
Cosmological constant

為了避免廣義相對論中與宇宙持續膨脹的性質，愛因斯坦在方程式中加入此常數。

事件視界
Event horizon

黑洞最外層的表面。

坐標系拖曳
Frame dragging

由愛因斯坦的廣義相對論推論，旋轉中的龐大物體可以拖動周圍的空間和時間，就像以勺子攪動鍋中的糖漿。

廣義相對論
General theory of relativity

愛因斯坦最具代表的理論。該理論推導出重力會造成時間與空間的彎曲。

重力透鏡
Gravitational lensing

當光被質量龐大物體彎曲，會產生如透鏡般聚光的效果。

重力波
Gravitational wave

存在於彎曲時空重力場中的漣漪，例如超新星便是這樣的重力場。重力波是廣義相對論中尚未被實驗觀測到的推論之一。

隱變量理論
Hhidden variable

隱變量理論反對量子理論，並認為量子隨機出現不合理，且其中具有一系列尚未觀測到的變數能解釋目前看似隨機的行為。

長度收縮
Length contraction

狹義相對論中的一種現象，表示靜止的觀察者會觀測到移動中的物體長度縮短。

彎曲的光
Light bending

廣義相對論預測直線前進的光會因太陽的重力而彎曲，該現象於 1919 年證實。

分子
Molecules

化合物的基本組成結構，由原子互相鍵結組成。

近日點進動
Perihelion precession

水星運行軌道最接近太陽的位置，亦稱為近日點歲差。透過廣義相對論可完美預測此軌道。

光電效應
Photoelectric effect

愛因斯坦提出的理論，解釋為什麼有些金屬在光照之下會放出電子。

光子
Photons

光的粒子。

量子自旋
Quantum spin

描述次原子粒子的性質。發展自狹義相對論與量子理論。

量子理論
Quantum theory

在尺度極小的物理世界中，能量呈現一個個不連續的區塊，如被「量子化」。

量子不確定性
Quantum uncertainty

量子理論中的原則之一，此原則認為我們無法得知一個次原子粒子的所有狀態。

純量
Scalar

一種數學計量，只包含單純表示大小，如物體的質量。

同時性
Simultaneity

愛因斯坦認為一名觀察者眼中同時發生的兩個事件，在另一名運動行為不同的觀察者眼中事件便並非發生在同時。

狹義相對論
Special theory of relativity

愛因斯坦提出的理論，描述兩個行進速度接近光速的物體間的相互關係。

張量
Tensor

一種數學計量，以矩陣數值表示。用來轉換物理值的向量與純量。

時間膨脹
Time dilation

根據狹義相對論，一個移動中的時鐘會比靜置的時鐘跑得快。

統一場理論
Unified field theory

試著將重力與電磁理論結合成一組數學方程式的理論。愛因斯坦在晚年花了相當多的時間企圖尋找到此理論。

向量
Vector

一種數學計量，同時代表了大小與方向，例如河川中水流的方向與速度。

United States 8c
EINSTEIN

Chapter 03

Influence

愛因斯坦的影響

科技產品

全球定位系統

下一次當車上導航系統發出電腦語音指引方向時，記得感謝愛因斯坦。全球定位系統（GPS）的運作依靠繞著地球軌道運行的**衛星**，每顆衛星各自發射超精確的**時間信號**（精確度大約 1/1,000,000,000 秒），在地面上的接收器則接收多顆衛星的時間信號，再與自己的內部時鐘比較，進而算出自己與每顆衛星的距離，由於衛星軌道是已知，所以可推導出接收器在**地球表面**的位置。然而衛星會不斷移動，根據狹義相對論的時間膨脹原理，它們的時間會因此變慢。不僅如此，接收器會受到較大地球重力場影響，因此它的時間也會因為廣義相對論而進行得較慢。這兩個效益必須被校正才能提供精準的定位。

半導體

半導體是一種特殊的材料，通過半導體的電流可以被精確地控制。它是現代無所不在的**微晶片**的基礎，從電腦到 MP3 播放器處處需要微晶片。半導體有兩種類型：N 型（電流由帶負電的電子推動）以及 P 型（電流由帶正電的載體「洞」推動）。**愛因斯坦關係式**描述了這些電荷載體通過半導體物質的行為，後來也成為愛因斯坦研究**布朗運動**的部分基礎。

自旋電子學

近代電腦記錄資訊的方式是將電荷存入半導體晶片。這些資訊是一連串的 1 和 0 以**二進位格式儲存**：1 代表有電荷，0 則是沒有電荷。但是 1980 年代，物理學家利用次原子粒子的量子性質，發展出另一種**儲存數據**的方式。這是狹義相對論的直接結果，量子自旋會從兩種狀態中擇一：「向上」或「向下」，而這兩個自旋態可用於儲存二進位數據，比起依靠電荷的設備，**量子電腦**的效率更高。此技術稱為自旋電子學（spintronics）。

>> 3 秒鐘摘要

如果愛因斯坦還活著，全球定位系統就可以幫助他那無可救藥的爛方向感了。如果不是愛因斯坦發現了相對論，就不會有這些科技提供我們便利的生活。

>> 相關主題

狹義相對論
第 76 頁
廣義相對論的結果
第 86 頁

> 「我正走在回家的路上，不過我忘了我家在哪兒了。」與普林斯頓物理系祕書的電話對話。

全球定位系統衛星

能源

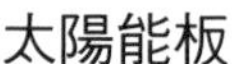

太陽能板

暴露在**陽光**下的金屬會產生電流，愛因斯坦為這個現象找出了解釋，同時也為現代的太陽能革命鋪了路。**太陽能板**的運作原理是光伏特效應，當太陽的光子落在 N 型和 P 型半導體的連接處，不僅會像在光電效應中射出電子，還會留下帶正電的洞。電子會被帶正電的 P 型材料吸引，而洞則被 N 型材料吸引，於是正電荷會往某個特定方向流動，同時負電荷往反方向流動，兩個效應相互增強，形成了**電流**。

>> **3 秒鐘摘要**

科學家預估煤礦與石油很快就會用盡，幸好愛因斯坦的理論提供我們許多備案，除了已經在二十世紀使用的核能，還有許多未知的新能源。

核能電力

全球大約有 14% 的電力需求透過擷取原子核心的能量。原子是由電子雲圍繞著中央核所組成。1930 年代，物理學家發現了如何將原子核一分為二。但當他們這樣做時卻發現了奇怪的事：分成兩半的質量總和，居然小於原本的**原子核**質量。這些消失的質量去哪裡了？愛因斯坦的著名公式 $E=MC^2$ 提供了答案。由於質量和能量等價，因此分裂後所減少的微小質量轉化成為能量了。這就是**核分裂**的基礎，也是所有**核電廠**正在運行的原理。

>> **相關主題**

電磁理論
第 72 頁
科技產品
第 112 頁

反物質

未來的能源也許可以來自反物質。這種物質擁有恰恰相反的物理性質，例如電子電荷；當電子的電荷相反時，就相當於一種擁有正電荷的**反粒子（antiparticle）**，或正電子（positron），不同於電子帶負電荷，正電子攜帶正電荷。當物質遇到其反粒子，二者質量會消失而完全轉換成能量，或許我們可以利用機制在不久的將來產生能量。1928 年，英國物理學家狄拉克（Paul Dirac）將愛因斯坦的相對論應用到量子理論，推導出一組解釋電子行為的公式，這個理論正預測了反物質的存在。雖然製造反物質的**成本很高**，目前還無法應用在發電上，不過也有科學家認為太空中某些行星（例如**木星**）具有吸引反物質的強力磁場，或許我們可以從中開採。反物質已經應用在今日的生活當中，醫療用正子斷層掃描儀（PET）就使用了微量的正電子。

“只要很少的質量，就可以轉換出很大的能量。”

油井
核分裂
中子射入
爆炸
太陽能板
中子

雷射

光纖

雷射是光纖通訊的基礎。傳統的傳輸是利用電子脈衝，光纖則是以雷射將資訊編碼成快速的光脈衝，再發射到塑料或玻璃製成的窄管。如此一來，資訊能以極快的速度傳輸，每秒約十億個位元組，比傳統的銅線電子傳輸快上了幾千倍。**光纖**還有一些額外的好處，像是不會受電磁場的干擾，也沒有電阻耗損能量的問題；電子傳輸的電流會在管內形成熱，進而造成能量耗損。除此之外，光纖在未來可能還有其他用途，像是應用在**量子電腦**內，以達到極速運算的效果等等。

光學媒介

沒有雷射，就不會有存放音樂的 CD、影像的 DVD，或是高品質電影的藍光光碟。這些光碟透過一種稱作「光學儲存」的方式紀錄**資訊**，主要的運作原理是透過按壓光碟表面的微小凹槽來讀取資料，凹槽之間會被凸起的平面隔開。當我們想讀取資料就用雷射照射正在旋轉的光碟，當雷射光束落在凹槽或凸面上時，會被**反射**回到光感應器，我們將此狀態的數值設為 0。如果雷射光束從凹槽爬升到凸面（或從凸面掉到凹槽），此時**光感應器**不會接收到任何東西，對應值設為 1。凹槽與凸面之間精準的空隙距離，被我們當編碼數據使用形成一連串的二進位序列。

核融合

現代的核能電廠利用分裂**重原子（heavy atoms）**所釋放出的能量發電，不過核能還有另一種型式，不是透過分裂，而是利用融合較輕的原子（例如氫）來產生能量。由於**氫**是相當豐富的地球資源（可以透過分解水產生），而且核融合比核分裂安全許多，因此這個方法被視為能源產業的未來。不過，由於啟動核融合需要創造成千上萬度的高溫，導致成本極高，距離量產目前還有相當大的距離。不過，科學家或許已經找到方向了，他們試圖用強力的雷射光束加熱且壓縮**核融合的燃料**達成釋放能量的目標。

>> 3 秒鐘摘要

美國科學家查爾斯・湯斯（Charles Townes）利用愛因斯坦關於讓原子釋放光子的研究發明了雷射，後續也有許多相關應用誕生，影響了現代人的生活。

>> 相關主題

光的性質
第 68 頁
能源
第 114 頁
量子糾纏
第 122 頁

“關於輻射的吸收以及發射，我有一個創新的想法，你一定會感到有興趣。」愛因斯坦寫給朋友邁克・貝索（Michele Besso）。”

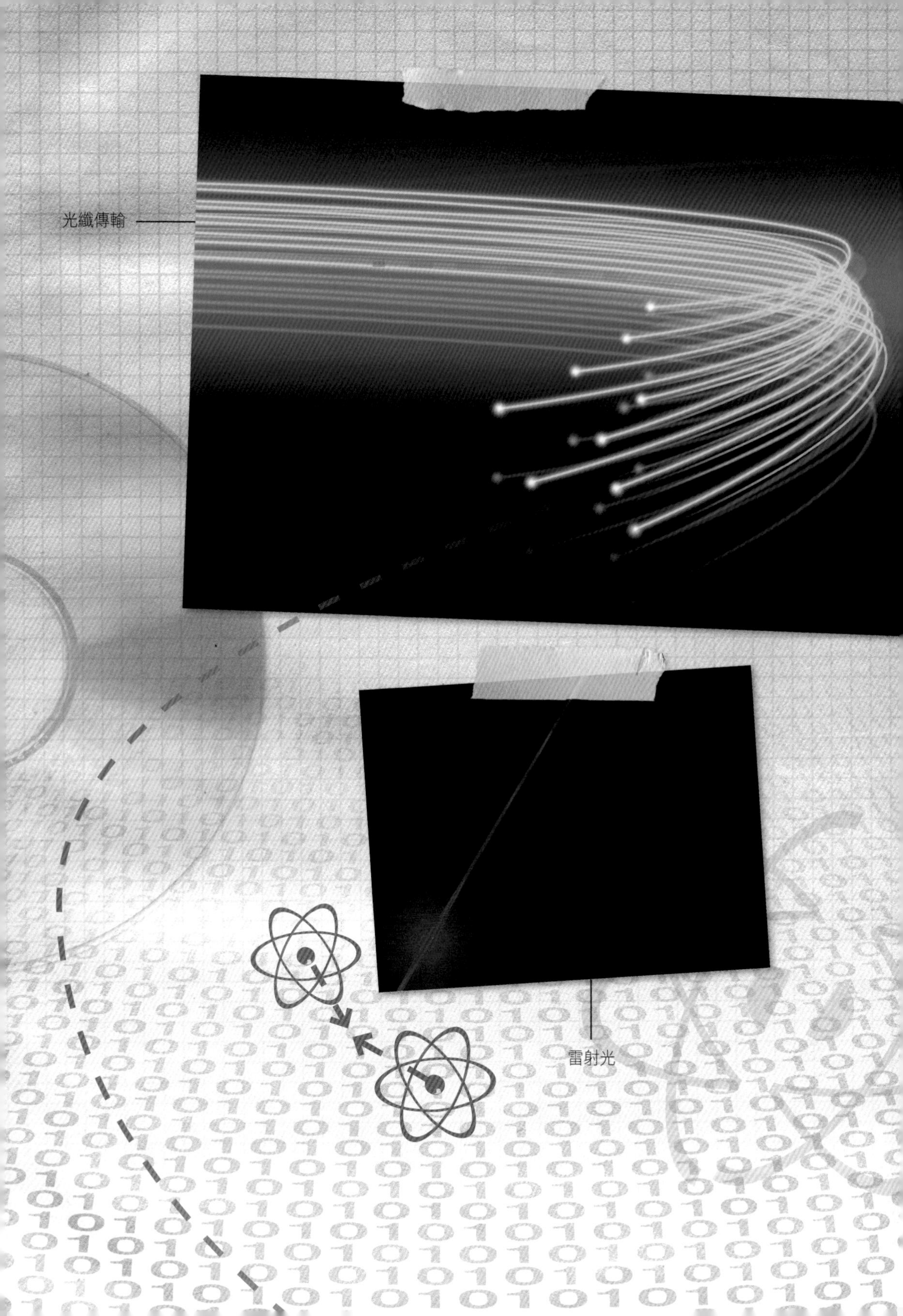
光纖傳輸
雷射光

近代統一理論

電弱理論

自然界中目前已知有四種基本力，重力、電磁力，以及支配原子核的強力和弱力。1986 年，著名物理學家**溫伯格（Steven Weinberg）**、**薩拉姆（Abdus Salam）**和**格拉肖（Sheldon Glashow）**成功地統一了電磁力與弱力，此理論稱為電弱理論。根據電弱理論電磁力與弱力是相同的物理模型，只是表現型態不同。1970 年代時，粒子加速器實驗證明了此理論的預測，也讓溫伯格、薩拉姆和格拉肖獲得了 1979 年的**諾貝爾物理學獎**。不過，此理論中還有一塊缺失的拼圖，那難以捉摸的**希格斯玻色子（Higgs boson）**，最新的加速器實驗正積極通緝它。（譯註：希格斯玻色子已於 2012 年在大型強子對撞機找到，2014 年再度確認。）

超對稱理論

次原子粒子可以簡單被分為兩大類，其中一種是費米子（fermions），另一種是玻色子（bosons）。分類的基礎是根據粒子的**自旋量子屬性**，如果粒子的自旋數是 1、2、3 等整數，就屬於玻色子家族，但如果是如 1/2、3/2、5/2 等分數，那就是費米子。超對稱理論的基本想法是每一個玻色子都存在一個相對的費米子伙伴，反之亦然。如果這個理論正確，這些超對稱（supersymmetry）的粒子在宇宙早期曾是「超級夥伴」，直到對稱破滅發生將它們分裂並只有被選擇的粒子保存下來，形成今日所見的宇宙。超對稱理論有時也暱稱為「SUSY」，是一個非常吸引物理學家的理論，因為它完美地消滅了其他統一理論中的**數學瑕疵**。

弦論

弦論是粒子物理學統一理論中的早期候選者之一。不過，弦論沒有「**粒子**」存在，而是一種帶有能源的微小振動「弦」。該理論最早在 1960 年代提出，目的是避免其他統一理論中**不合理的「無限大」**物理量（如粒子質量）。部分物理學家認為這些發散至無限大的物理量源自於粒子尺寸被視為零，但現實中粒子尺寸不應為零，而是具有某種程度的大小。如同早期的卡魯扎－克萊因統一模型，弦論也需要六個額外的時空維度，導致整個宇宙的總維度多達十。部分建立在超對稱理論上的**弦論**就稱為「超弦」。

>> 3 秒鐘摘要

愛因斯坦花費了相當多時間，試圖找到一個能描述所有的自然作用力的統一場理論。雖然最後失敗了，但物理學家沒有放棄，仍然持續努力中。

>> 相關主題

狹義相對論的結果
第 78 頁
統一場論
第 100 頁
粒子加速器
第 120 頁

“對一個努力追求統一的心靈而言，沒辦法接受大自然竟然允許兩個獨立不相關的場存在。”

粒子加速器

追求統一理論的道路

儘管科學家費盡心思試著找到一個統一模型解釋自然界四種作用力的性質，但目前所有的理論都未能被證實；事實上，也**沒有令人信服的證據**顯示物理場最終可以統一。為了解答這個問題，物理學家建造了粒子加速器，這是一種利用**強力磁鐵**把粒子加速到接近光速的大型機器，接著讓粒子相互**對撞**，透過分析碰撞後飛散出來的粒子碎片探索粒子世界的真相。

大型強子對撞機

世上最強大的粒子加速器位於瑞士和法國邊境，屬於歐洲核子研究中心實驗室。加速器位於地底下，是圓周長達 **27 公里**的巨型環狀結構。粒子一圈又一圈地被加速，速度最快時的粒子繞行加速器 11,000 圈只需要 1 秒鐘，也就是只比光速慢每秒 3 公尺。雖然每次循環的粒子數目都不多，小到可以全部塞到一粒沙裡，但在此高速下它們具有的**能量**相當於 180 公斤的黃色炸藥（TNT）。物理學家利用大型強子對撞機尋找理論預測的粒子，希望能證明超對稱理論、四維時空外的額外維度，或是重要的統一理論（例如弦論），而尋找**電弱理論**預測的希格斯玻色子更是物理學家的重要目標之一。

希格斯玻色子

大型強子對撞機最初建造的目標就是尋找希格斯玻色子，這是電弱理論中唯一缺少的元素。這個粒子率先由英國物理學家**彼得・希格斯（Peter Higgs）**在 1960 年代初期提出，他認為希格斯玻色子遍及了整個空間，它會與宇宙所有物質相互作用，而物質透過這個作用機制獲得**質量**。電弱理論的這個機制解釋了為什麼電磁場的媒介粒子（也就是光子）不具有質量，而那些稱為 W 和 Z 的弱力媒介粒子卻很重。然而，尋找希格斯玻色子存在的證據相當困難，因為它本身的質量很大（比 W 粒子重了 1.5 倍）。根據愛因斯坦的理論，質量和能量為等效，因此想製造出如此高質量的粒子，就需要極高的能量對撞粒子；而**大型強子對撞機**正是為此而生。

>> 3 秒鐘摘要

狹義相對論探討的對象是快速移動中的物體，地球上移動最快的物體就在巨型的粒子加速器中，這些粒子在實驗中一次又一次地繞行，最後加速到接近光速。

>> 相關主題

統一場論
第 100 頁
近代統一理論
第 118 頁

“往自然的更深處探索，一切事物將會更明晰。”

希格斯玻色子衰退模擬

大型強子
對撞機

量子糾纏

安全通信

愛因斯坦第一次提到量子糾纏時，其實想利用這樣看似荒謬的性質反駁量子理論，不過，現在量子糾纏已被廣泛承認。無論量子粒子對相隔多遠，兩者的**聯繫**都不會消失，即使各自放在宇宙的兩端，只要輕輕擺動其中一個粒子，另一個也會跟著晃動。1984 年，IBM 的研究人員以此為基礎建立了安全性高、能防堵竊聽的**量子通信系統**：利用量子的不確定性，可以在竊聽者試圖擷取指定糾纏頻道內的特定訊息時，發覺此訊息的性質被改變了，讓竊聽者無所遁形。我們也可以將此量子訊息做成一個**密鑰**，製作成只有傳送與接收兩方知道如何解鎖的加密文件，如果竊聽者攔截到密鑰，量子通信機制就可以重新產生一個新的密鑰，以確保文件的安全。

>> 3 秒鐘摘要

愛因斯坦對量子理論的嘲笑諷刺，反而幫它鋪上一條平坦的道路，發展出無法破解的代碼、星際迷航式的傳輸，以及在未來很有可能取代傳統電腦的量子電腦。

瞬間移動

1997 年，澳洲**因斯布魯克大學**（**University of Innsbruck**）的實驗物理學家，利用量子糾纏的特性使原本位在實驗室的次原子粒子瞬間移動。多年來，人們一直認為量子不確定性否定了瞬間移動的可能，因為這樣的不確定性讓我們無法測量次原子粒子的狀態；不過，量子糾纏能讓我們傳遞未測量狀態的信息。想像一下：現在有兩個處於糾纏的粒子，A 和 B，我們將它們移動到距離很遠之處；此時，第三個粒子 C 將自己的狀態傳遞給 A，由於 A 和 B 處於量子糾纏，於是 C 的訊息就在瞬間傳遞至 B。如果有第四個粒子 D，只要 D 與 B 交互作用就可以讓 D 完全複製 C 的狀態。科學家透過實驗已證明此方式可以在**瞬間傳遞訊息**，甚至傳至 **16 公里**外也不是問題。

>> 相關主題

量子的世界
第 96 頁

量子電腦

量子瞬間傳輸也可用於量子電腦。量子電腦目前仍處於**試驗階段**，主要的概念是利用量子運作過程儲存和處理數據，取代**現今電腦**使用的傳統電子傳輸。傳統二進位的電腦將訊息單位定義為「位元」，儲存了 1 或 0 的量值，量子電腦則使用「量子位元」，它可同時是 1 或 0；因為對量子系統而言，兩個狀態本來就是同時存在。1 個量子位元組包含了 8 個量子位元，任何時候都可以同時具有 **256 個不同狀態**，而這些狀態經過量子操作可以被傳輸。

“物理應該是敘述一個時空的真理，而不是一些無法預測、不知所以然的理論。”

相對論中的悖論

雙生子悖論

想像地球上有一對雙胞胎姐妹，姐姐搭乘**太空船**以接近光速的速度飛行了好幾年，當她終於回到地球會驚訝地發現她比留在地球的妹妹**年輕得多**，這個現象是由於狹義相對論的時間膨脹效應。不過，愛因斯坦的相對論原理又說，所有的參考坐標系都是等價的，也就是說，如果我們用在太空旅行的姐姐角度來看整件事情，那麼以接近光速飛出去的就不是姐姐，而是雙胞胎妹妹和地球。究竟，姐妹再度相聚時，比較年輕的是姐姐還是妹妹呢？這就是所謂的**雙生子悖論（twin paradox）**。

穀倉悖論

再想像一下，有一名撐竿跳高的運動員以接近**光速**奔跑，對於靜止的觀察者而言，運動員的桿子會因為勞倫茲收縮效應而縮短。假設這個運動員跑進一間**開放穀倉**，從靜止觀察者的角度來看，雖然原本桿子比穀倉略長，但因為桿子縮短了，兩者的**長度變得相同**，穀倉的門甚至可以在瞬間關上。不過，如果切換到運動員自身的坐標系，縮短的反而是穀倉而不是手中的桿子。那麼，究竟穀倉的門能不能在一瞬間被關起來呢？

悖論其實不存在

之所以會產生雙生子悖論，是因為我們忽略了狹義相對論必須在等速坐標系下才是等價，這個等價性在**加速度**存在時會被破壞。姐姐搭乘的太空船在返回地球時，太空船會先減速，然後停止，再次加速往地球前進。這個加速行為在兩個坐標系間產生了**不對稱**，因此地球和太空船的坐標系其實不等價。所以，太空船上的雙胞胎姐姐確實會比地球上的妹妹年輕。至於另一個穀倉難題，可以用「對一個觀察者而言同時發生的兩個事件，對另外一個觀察者而言不一定也是同時發生」來解釋。也就是說，靜止的觀察者看到穀倉的前後兩扇門同時被關閉，但高速奔跑的運動員會看到前方門先關閉，接著當後方門關上的同時桿子尾端已經通過，而前方門又再度打開了，所以**不存在任何矛盾**。

>> 3 秒鐘摘要

許多相對論的概念都違反了日常生活的直覺，看起來似乎存在一些矛盾。想要解決這些矛盾的方式很簡單：丟開所有過去的直覺就對了！

>> 相關主題

狹義相對論的基礎
第 74 頁
狹義相對論
第 76 頁

“新的想法總是以直覺的方式突然迸出。不過，更重要的是經過時間累積出的智慧結晶。”

相對論錯了嗎？

純量－張量理論

即使廣義相對論已經取得了壓倒性的成功，但物理學家並沒有就此心滿意足。1961 年，美國物理學家**羅伯特 · 迪克（Robert Dicke）**和**卡爾 · 布蘭斯（Carl Brans）**在廣義相對論的張量場（空間中的每個點都會對應一個數字矩陣）中引入一個純量場，讓空間中的每一個點都產生一個額外的數字代表重力的新元素。如今，**實驗測試**已經幾乎排除了布蘭斯－迪克理論的正確性，但它仍代表同類型**純量－張量理論**的先驅，這些理論試圖引入純量場以統一自然界的作用力場。

張量－向量－純量理論

還有另一種場介於純量與張量之間，即向量場：以一維的數字陣列表示空間中的每一個點，陣列中每個數字各代表一個維度。例如，流體的速度就是一個向量場，**流體**的每一個點都可以用三個數字表達其速度值與方向。2004 年，任職於耶路撒冷希伯來大學（Hebrew University）的物理學家**雅各布 · 貝肯斯坦（Jacob Bekenstein）**，在廣義相對論的重力引入了向量元素，此理論即為**張量－向量－純量理論（TeVeS）**。貝肯斯坦認為透過這個理論，物質空間將不再需要暗物質存在。暗物質是一種宇宙間無法被觀測的物質，其存在只能透過與非暗物質物體間的重力間接證實。貝肯斯坦還提到張量－向量－純量理論已通過實驗測試，然而其他物理學家對此表示懷疑，因此該理論目前仍有**爭議**。

量子引力

大多數物理學家認為廣義相對論的重力解釋**不完整**，這是因為它沒有考慮到量子理論（這個主宰了微小世界的物理定律）。廣義相對論準確地描述了我們所見的宇宙，不過天文學家知道**空間正在擴大**，因此它並不是一直維持著現今樣貌。如果我們一路追溯到宇宙開始擴張的時間點（也就是一百三十七億年前），根據目前最佳理論，當時宇宙只是一個原子的大小，因此必須遵守量子定律。而那用來描述宇宙早期**大霹靂**的空間與時間展開模型，就很有可能需要像是「量子引力」的理論。

>> 3 秒鐘摘要

即使相對論通過了重重實驗的檢驗，仍有部分科學家認為相對論尚不完備且許多部分最終會被證明有誤。

>> 相關主題

廣義相對論
第 82 頁
近代統一理論
第 118 頁

“哪怕有再多的實驗證明我的理論是正確的，但想要證明它是錯，也只需要一個實驗。”

大霹靂

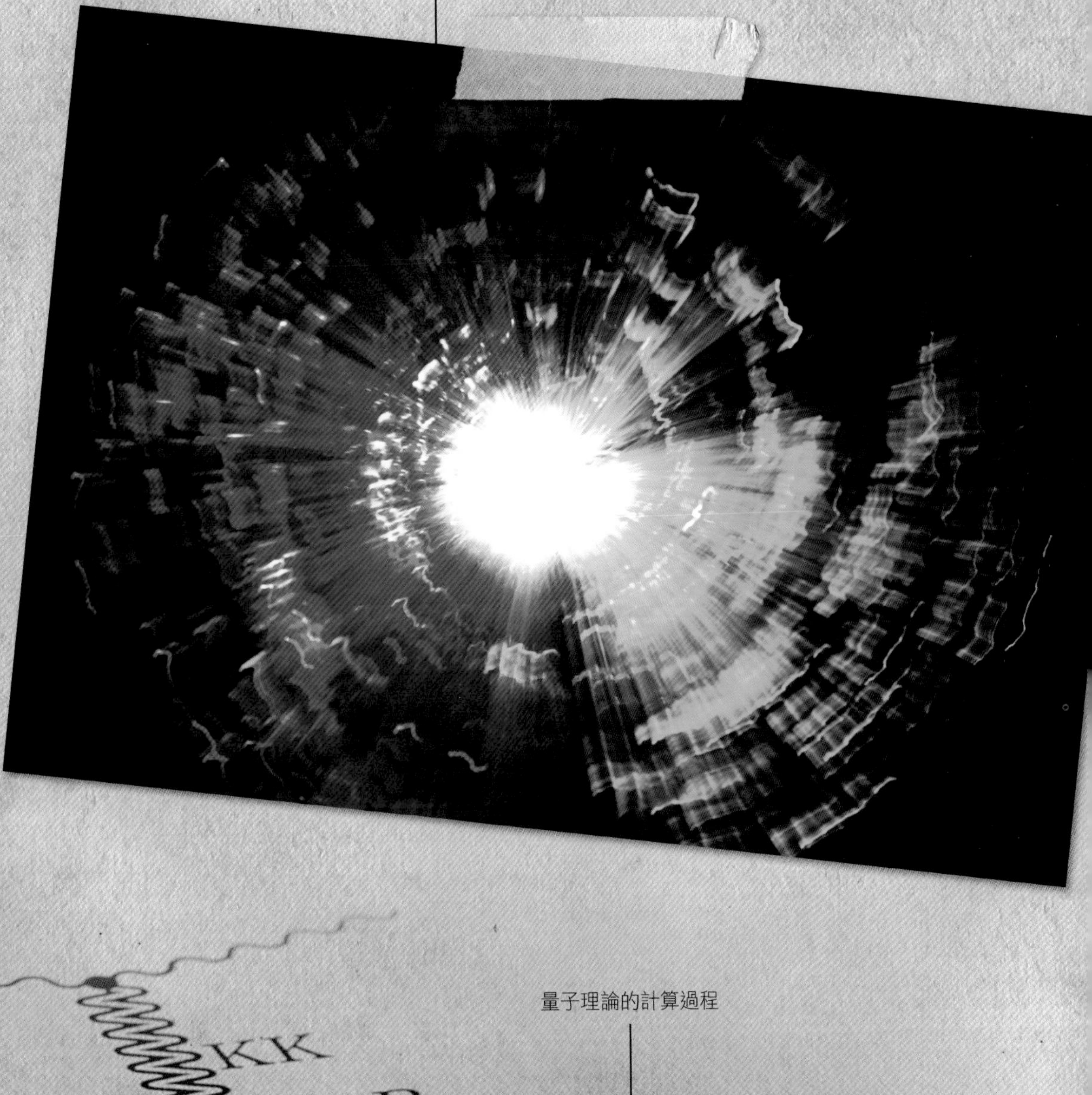

量子理論的計算過程

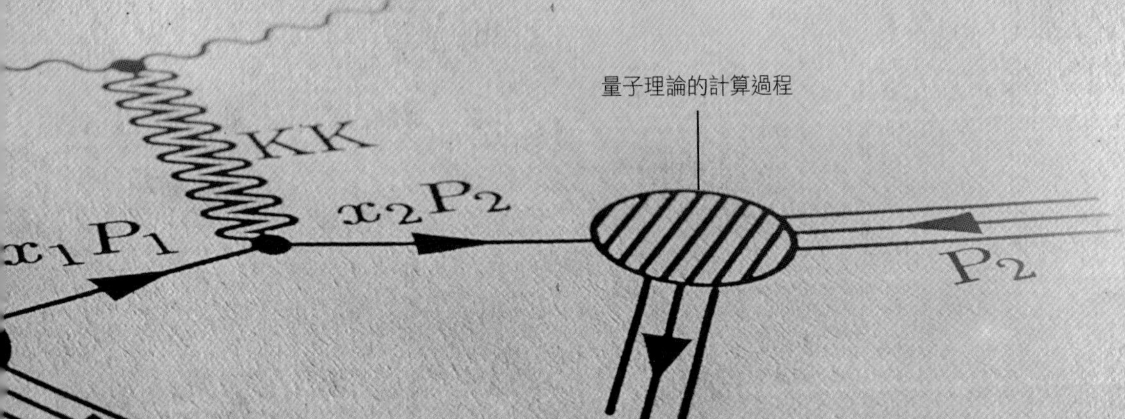

KK

x_1P_1

x_2P_2

P_2

超越光速

超光速粒子

超越光速的可能性是否存在？回答這個問題之前，或許應該把狹義相對論的定義說得更精確：沒有任何物質的速度可以跨越光速的限制，不論是從速度較慢開始試圖超越光速，從速度較快嘗試**慢於**光速。我們以及所有周遭的物體都沒能移動得比光速還快，因此我們將此光速設為速度的上限。但是，這也同時意味如果有一個與生俱來就超越光速的物體，那它永遠都不能運動得比光速慢。物理學家推測很可能存在一種正好具有這個特性的次原子粒子——「超光速粒子」（Tachyons）。因為超光速粒子的運動速度超過光速，當它朝著你前來時，你永遠也無法觀測到它；但等它通過後，你會看到兩個影像，一個正在接近自己、另一個正在遠離自己。有些科學家試圖透過實驗尋找超光速粒子，但目前尚未成功。

曲速引擎

1994 年，物理學家**格爾 · 阿爾庫別雷（Miguel Alcubierre）**透過數學證明：雖然在狹義相對論定義下的平坦時空中沒有任何物體可以超過光速，不過，廣義相對論底下的彎曲時空則存在著任何可能性。根據廣義相對論，空間的曲度取決於空間內的物體，於是阿爾庫別雷找出一個特殊的方法讓運動者周圍的時空產生**彎曲與擴張**，運動者前方的時空快速收縮，背後的時空則以相同的速度擴張，讓這位運動者像是往前翻滾般，更快速地抵達目的地。阿爾庫別雷將此理論命名為「曲速引擎」（warp drive），只可惜想要產生阿爾庫別雷預測的現象，需要聚集如同行星尺寸的「奇異物質」（exotic matter）才可能發生，目前實驗室裡只能製造出**極少量**的「奇異物質」，遠遠不足以產生能超越光速的移動方式。

蟲洞傳輸

另一種超越光速的方式就是跳進蟲洞。蟲洞是能**穿越時空的隧道**，首次由愛因斯坦和他的同事在 1930 年代提出。如果宇宙中的兩個區域**距離夠大**，就可以利用一個相對短的蟲洞充當兩區域間的快速通道，假設這個蟲洞又夠短，那麼透過穿越蟲洞的太空船就會比在普通空間穿梭的光早一步抵達目的地，如此一來，這艘太空船的速度就會**比光速還快**。但是，一如「曲速引擎」遇到的困境，蟲洞也需要大量的「奇異物質」才可能發生。

>> 3 秒鐘摘要

愛因斯坦小心翼翼地在狹義相對論加入了光速的限制，這個光速極限反而引發一些有趣的現象。多謝了愛因斯坦。

>> 相關主題

狹義相對論的結果
第 78 頁
黑洞
第 92 頁

"我們都知道光速比音速快，這就是為什麼有些人會先大放異彩後，你才能聽見他們的聲音。"

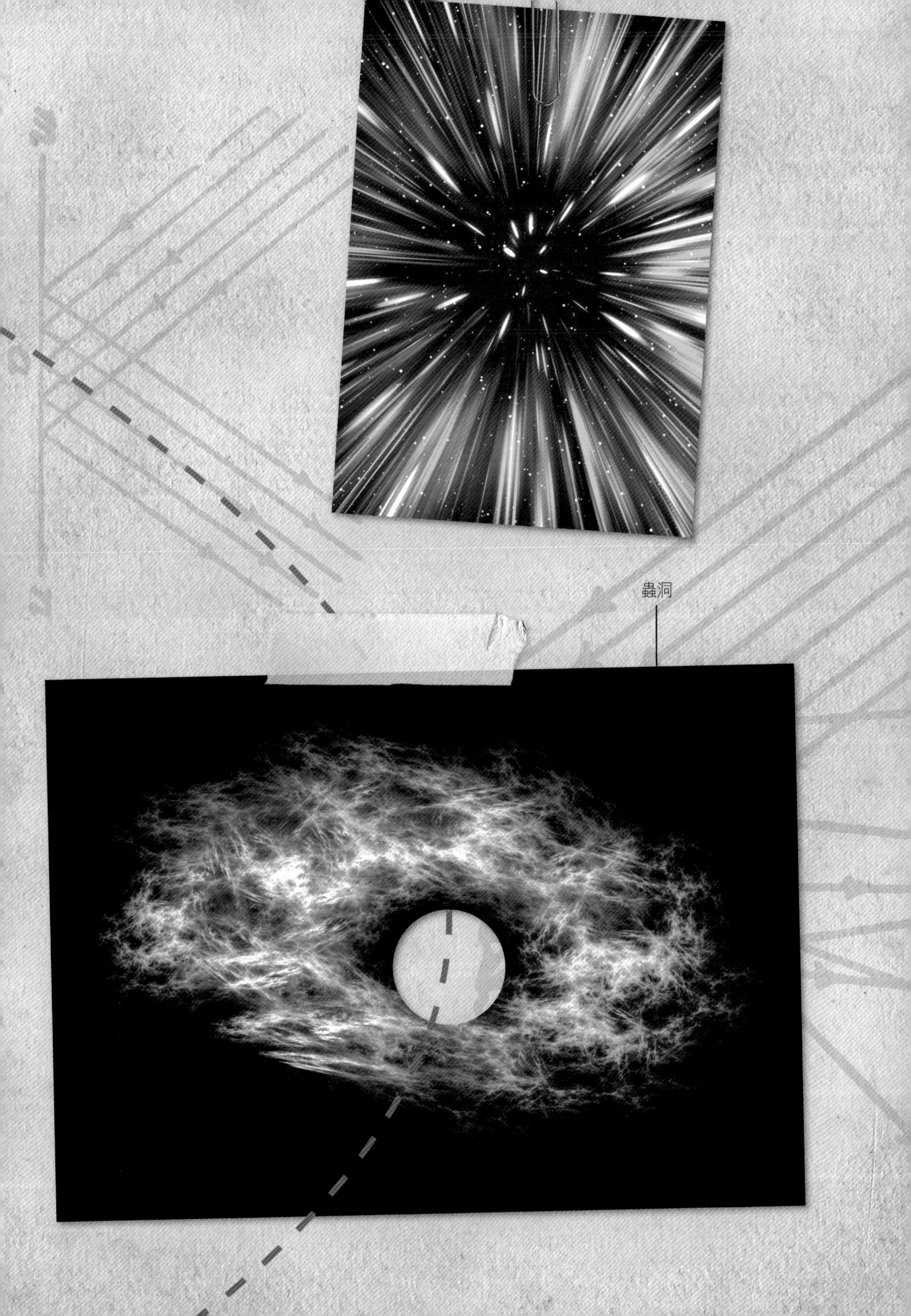
蟲洞

時光旅行

看見未來

時空旅行已是**科幻小說**中老掉牙的主題，不過理論上，透過時空旅行前往未來已經被證明可行。其實我們也都是時光旅行者，以每分鐘前行 1 分鐘的速度前往**未來**。這個速度可以透過愛因斯坦的狹義相對論加速，根據時間膨脹效應，如果你的運動速度非常快，那麼相對於在地球上靜止的觀察者，你所經歷的時間會比較慢。假設你身在以 90% 光速前進的噴射機上，當你看到時鐘走了 1 分鐘，此時地球上觀察者的時鐘卻走了 2 分鐘，換言之，當你**回到地球**時就相當以每分鐘前行 2 分鐘的速度，旅行到了地球的未來。

>> 3 秒鐘摘要

愛因斯坦的理論不只讓人們有機會實現極高速的宇宙旅行，同時也開了一扇門，讓回到過去有可能成真。

回到過去

時間旅行的難題不在於前往未來，而是如何回到過去；沒有人知道如何回到過去，甚至是否可能回到過去。回到過去會產生一些悖論，例如你將遇見**年輕的自己**然後改變命運等等，所以某些物理學家甚至希望完全沒有回到過去的**可能**。不過也有部分物理學家擁抱旅行到過去的想法，並積極探索廣義相對論中彎曲時間的理論，試圖找出各種能製造時光機的理論，如旋轉宇宙、蟲洞、稱為**「宇宙弦」（cosmic string）**的能量碰撞長度，甚至是從旋轉的光束中打造時光機等等。

>> 相關主題

狹義相對論
第 76 頁
時光旅行可行嗎？
第 132 頁

比時間還快

製造理論時光機器的其中一招就是利用相對論的數學性質：如果透過從一個移動中的參考坐標系**觀察**任何發生在超越光速物體的情境，這些情境都可以視為回到過去的時光機。這個想法源自相對論中不同步的「**同時事件**」：從一名靜止觀察者的角度看同時發生的兩個事件，當換成了一名移動中的觀察者，事件可能變成發生在不同時間。假設在太空中兩點的「瞬間移動」有可能發生，也就是出發時間與到達目的地的時間相同，此時的運動速度絕對快於光速。於是，就有可能也找到一個移動得夠快的觀察者，其坐標系使他觀察到的不是同時事件，而是先看到你抵達，然後才看到你出發。對這個觀察者而言，你相當於**回到了過去**。

“像我們這樣信仰物理的人就會了解，想要清楚地劃分現在、過去與未來，只是個不切實際的幻想。”

時光旅行可行嗎？

時間旅行悖論

反對時間旅行的人們主要認為若是可以**回到過去**，那就可以改變歷史。甚至連你自己是否能存在都會受到質疑，就像電影《回到未來》（*Back to the Future*）中的主角馬蒂・麥佛萊（Marty McFly）回到1955年，並在無意中阻止了自己父母的第一次偶遇……，如果父母不相遇，那麼他就不會存在；如果他不存在，就不會發生阻止自己父母相遇的事，所以他會存在……，這就是所謂的「**時間旅行悖論**」。另一個顯而易見的矛盾是假設老年的**莎士比亞回**到過去，並把自己所有偉大的作品分享給年輕的自己，於是年輕的莎士比亞複製了這些作品並發表，那麼莎士比亞戲劇的靈感究竟從何而來呢？

>> 3 秒鐘摘要

由於廣義相對論的出現，時光旅行似乎變得可能，於是科學界產生了激烈的爭辯，大家都想知道是否真的能建造時光機。

近代的發展

關於時光旅行的辯論發展至今日，足智多謀的物理學家們提出了一些巧妙的方法以躲避時間旅行悖論。第一是利用量子理論：我們的宇宙只是平行宇宙中「**多重宇宙**」（**multiverse**）的其中一個，因此任何回到過去的時光旅行，都只是旅行到另一個**平行宇宙**的過去而已，時光旅行者並不會改變所來自的宇宙的歷史。或是可以利用「自恰性」（self consistency）：每當一個潛在的時間旅行悖論出現時，大自然會找到讓事件「自圓其說」的方式；雖然這聽起來有點隨意，不過科學家已經找到能支持自恰性的關鍵——「最少作用原則」（principle of least action），而這項原則正是**理論物理學**的核心。

>> 相關主題

相對論錯了嗎？
第 126 頁
時光旅行
第 130 頁

時序保護臆測

以上這些試圖規避時間旅行悖論的理論，英國劍橋大學的教授史蒂芬・霍金（Stephen Hawking）都不怎麼感興趣。他深深相信我們不可能回到過去，為此他甚至發明了一種稱做「時序保護臆測」（Chronology protection conjecture）的科學原則，他說這是一個「讓歷史學家的世界更安全的原則」，不過此原則只憑著他的個人直覺，尚無物理基礎。總之，霍金懷疑在創建時光機的過程中，原本微小的量子能量波動會被放大至遍及各處，空間即變得無限大，因此時光機在可以回到過去之前已先毀損。我們也只能等到量子重力理論來解答此臆測是否為真。

“我從來不思考未來，它自己會以很快的速度接近我。”

年輕的莎士比亞

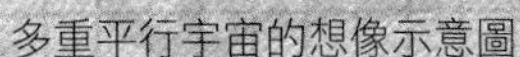

多重平行宇宙的想像示意圖

年長的莎士比亞

新的黑洞

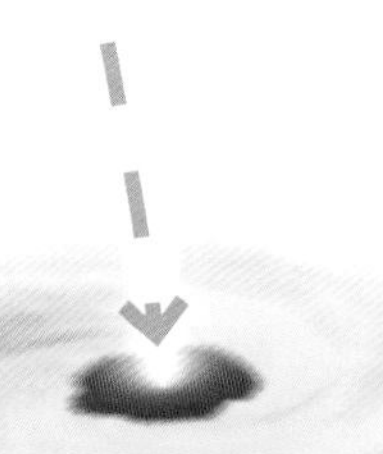

電荷與自旋

1917 年，德國物理學家**史瓦西**寫下了第一個關於黑洞的數學描述，但物理學家很快就發現黑洞更複雜、更多變。賴斯納（Hans Reissner）和諾德斯特龍（Gunnar Nordström）首先修改史瓦西的方程式以描述帶電的**黑洞**，而他們的黑洞也是蟲洞的最佳候選者之一。1963 年，數學家羅伊 · 克爾（Roy Kerr）解決了愛因斯坦方程組的黑洞**自旋**，不同於早期賴斯納與諾德斯特龍只略微校正了史瓦西方程式，克爾的解要來得複雜得多。兩年後，美國物理學家特德 · 紐曼（Ted Newman）也提出了兩組數學解，分別用來描述黑洞的電荷以及自旋。

彭若斯過程

克爾的黑洞有些非常有趣的特質，牛津大學數學家**羅傑 · 彭若斯（Roger Penrose）**在 1969 年發現，自旋中的黑洞會拖曳周圍的空間和時間一起轉動，形成**坐標系拖曳**的現象。在某些特殊的條件下，黑洞周圍的拖曳效果會加乘至極大，彭若斯認為甚至有可能順著黑洞周圍的時空旋轉，而從中獲取能量。他甚至想像一個先進的**外星文明**也許能夠利用這樣的黑洞自旋擷取能量，並當作文明的動力來源。

霍金輻射

如果這個稱為彭若斯過程（Penrose process）的理論正確，旋轉中黑洞就不再是單向的漏斗，只能吸取宇宙中的物質和能量，反而可以吐些東西出來。1974 年，一份研究表示彭若斯過程可能發生在所有黑洞，因此霍金用量子理論證明了黑洞其實應該穩定地發射粒子和**輻射**。霍金的想法源於**量子不確定性**，「虛粒子」（virtual particle）會在很短的時間內生成又消失，有些虛粒子會掉入黑洞的事件視界而被吞噬，使其粒子對的夥伴獲得足夠的能量逃脫；這些逃逸的粒子以熱輻射的型態被發射，形成了「霍金輻射」（Hawking radiation）。對於相當小型的黑洞而言，霍金輻射甚至可以使其**蒸發**、消失在宇宙中。

>> 3 秒鐘摘要

1960 至 1975 年間稱為廣義相對論的黃金時期，部分原因來自眾多理論物理學家對黑洞的研究。

>> 相關主題

廣義相對論的結果
第 86 頁
黑洞
第 92 頁
量子的世界
第 96 頁

“這世上最美好的事物就是未知。”

羅傑・彭若斯
黑洞

天文物理

中子星

物理學家不久後就發現黑洞並不是宇宙中唯一奇怪的物體。一般來說，黑洞被認為是在龐大質量**超新星**（**supernova**）死亡的過程中生成，此時伴隨的巨大爆炸引發恆星內累積強烈壓力，這些壓力壓縮著恆星核，粉碎了原本的密度，最後核心崩潰形成黑洞。因為沒有足夠強大的自然力支持受到劇烈壓力而崩潰的核心，於是黑洞形成。但是，如果爆炸的恆星質量小於太陽質量 10 倍左右，**內爆**的力量就會較少，核內中子間的量子作用力便可以穩定核心，形成所謂的**「中子星」**（**neutron stars**），而不是黑洞。中子星的密度非常高，一般而言，平均每 10 公里直徑的球體就可以包含整個太陽的質量。

微透鏡

1936 年，愛因斯坦為天文物理學引入了**重力透鏡**：當光從遙遠的星系發送出來後，一路上會受到其他星系團的重力干預而彎曲。不過，重力透鏡也可以使用在較小的尺度上，例如當光從**遠方恆星**傳遞過來時，其前方的行星會透過重力影響光，這樣的重力透鏡效應就是所謂的**「微透鏡」**（**microlensing**）。微透鏡效應非常適合用來檢測不會發光的黑暗天體；例如當行星通過恆星面前時，光會因為微透鏡效應瞬間聚集而發亮。第一個觀測到的微透鏡事件發生於 1993 年，天文學家如今廣泛地使用此技術搜索**太陽系外行星**（**extrasolar planets**）或是褐矮星（brown dwarfs）。

宇宙射線

宇宙射線並不是真的「線」，而是來自外太空的**次原子粒子**以超高速碰撞地球的大氣層。這些粒子雖小，但攜帶了相當大的能量，一道宇宙射線的能量就像把網球發球的力道塞進一個微小的粒子。**宇宙射線**可被地面上的粒子探測器捕捉，而粒子探測器捕捉的並不是宇宙射線本身，而是宇宙射線與大氣氣體分子碰撞後產生的殘骸，這些殘骸會向下掉落如同**「空氣雨」**（**air shower**）。如果不是狹義相對論，我們不可能建造這些偵測空氣雨的探測器，因為只有在時間膨脹效應的影響下，碎片才會抵達地面，而不是在空中就衰變。

>> 3 秒鐘摘要

愛因斯坦的相對論提供了天文物理學家許多工具，探索宇宙更深的領域，像是研究恆星死亡時最後發出的光芒，或是探測那些不發光且原本無法被偵測的行星。

>> 相關主題

狹義相對論
第 76 頁
廣義相對論的延伸應用
第 90 頁
黑洞
第 92 頁

“我們至今能了解的仍不到大自然展露給我們的千分之一。”

中子星

近代宇宙學

暗能量

1920 年代，天文學家發現宇宙正在膨脹。當時理論物理學家大多認為這種擴張會逐步放緩，因為物質會受到宇宙的重力拉扯。但是到了 1990 年代，天文觀測卻說相較於距離地球較近的星系，那些遠方星體離我們遠去的速度並沒有放緩；由於光速是恆定的，因此遙遠的星系代表著年輕的宇宙，而觀測結果顯示宇宙的膨脹正在加速。物理學家假設有一股無形的能量場瀰漫了所有空間，因而造成宇宙擴張，我們稱此能量為「暗能量」。在數學上，暗能量看起來與愛因斯坦首先引入的宇宙常數完全相同，可惜愛因斯坦後來丟棄了這個概念，並聲稱這個常數是他科學生涯的最大失誤。根據天文觀測的結果，宇宙中 74%的總質能都以暗能量的型式存在。

>> 3 秒鐘摘要

科學家擷取一些愛因斯坦隨意發想的念頭，應用在大尺度的宇宙，然後找到可以解釋宇宙為何快速擴張的理論，也發現宇宙可能長得像一個甜甜圈。

暴漲

其實，宇宙常數的概念已經復活許久。在 1970 年代，宇宙學家發現幾個大霹靂理論無法解答的問題，例如當我們抬頭仰望夜空時，為什麼地球兩側的星空長得這麼相似？假如宇宙在誕生之後不久曾經歷一個極快速擴張的階段，這個問題的答案就變得很簡單；這個加速擴張的時期稱為「暴漲」（inflation）。假設暴漲確實是宇宙曾經歷過的階段，大約在大霹靂之後的 10^{-32} 秒時，暴漲就結束了。

>> 相關主題

宇宙學
第 98 頁
最大的失誤
第 104 頁

宇宙拓撲學

愛因斯坦是第一位提出我們的宇宙可能是球形的科學家，透過廣義相對論的效應，空間會被扭曲、彎曲成一個巨大的球。從那時起，宇宙學家開始意識到或許宇宙的形狀還有更多的可能性，或許空間和時間也可以是環狀，扭曲成一個「梅比斯環」（Möbius strip），或相互糾結成更複雜的形狀，數學家稱研究這種形狀的學門為「拓撲學」（topology）。其中有一種理論模型稱為「多連通宇宙」（multiply-connected Universes）：當我們試圖從一個出口離開，卻其實會從另一個入口重新進入。2003 年，巴黎默東天文臺（Paris Meudon Observatory）的天文學家透過觀測找到了多連通宇宙存在的證據，我們的宇宙可能是十二個面多重連通的十二面體，如果你從某一個表面離開，就會通過其相對的表面，重新進入宇宙。

“宇宙擁有特定規則以及不可思議的秩序，但我們卻所知甚少。”

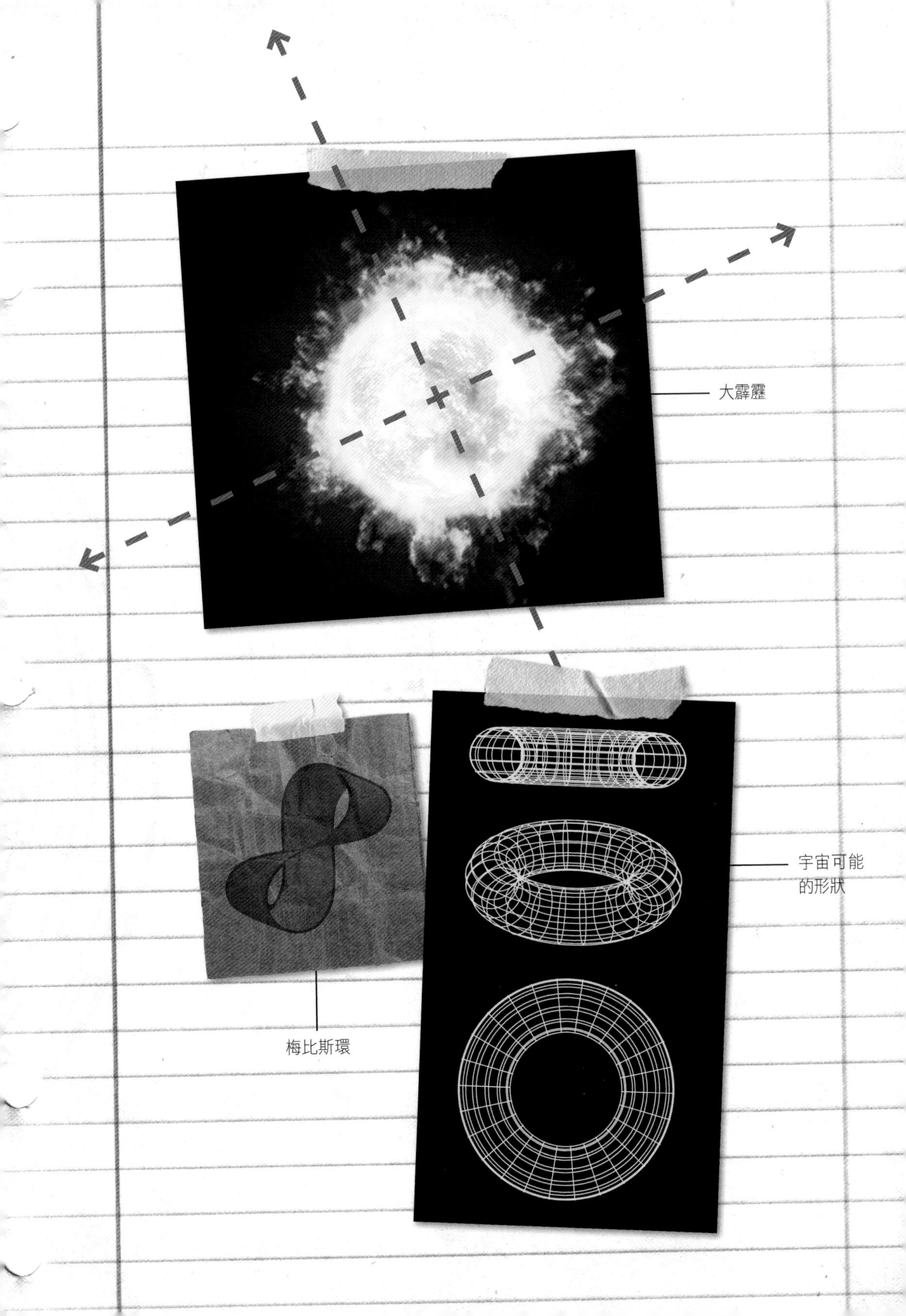
大霹靂
宇宙可能
的形狀
梅比斯環

以愛因斯坦為名

愛因斯坦小行星

對任何一個宇宙愛好者而言，能讓小行星以自己為名就像是一種特權。但當你如同愛因斯坦一般，為人類了解宇宙帶來眾多貢獻時，小行星的命名表達的則是至高無上的尊敬。1973 年，小行星「**2001 愛因斯坦**」被瑞士的天文學家保羅 · 維爾特（Paul Wild）發現，它位在火星和木星間的主環帶上，屬於**匈牙利族小行星（Hungaria）**的一份子。「2001 愛因斯坦」處於主環帶最內緣，每隔大約 25 年繞行太陽一周。科幻小說作家亞瑟 · 克拉克爵士（Sir Arthur C.）曾開玩笑地說：小行星「2001 愛因斯坦」應該以他為名才對，因為他的小說叫作《2001 太空漫遊》，但愛因斯坦還是擊敗他了。1981 年，為了紀念亞瑟爵士，**小行星 4923** 以「克拉克」為名，亞瑟爵士的夢想總算沒有落空。

鑀

這個以愛因斯坦命名的化學元素最早於 1925 年被發現，在首次**氫彈**試驗後的爆炸碎片中被觀測到。鑀（Einsteinium）是一個**極重**、具有高放射性以及劇毒的元素，其原子核內存有 99 個質子與 153 個中子（這是最穩定的形式），它甚至比核分裂電廠中廣泛使用的鈾元素更重。雖然這個元素聽起來很危險，幸好它並**不存在於自然界**，只有在核反應爐內或核爆過程中，當中子撞擊鈽時才會產生。這個元素目前沒有任何實際應用，純粹提供科學研究。

愛因斯坦十字星

真正會讓愛因斯坦感到開心的禮物，或許是遠在飛馬星座（Pegasus）的類星體（quasar），被命名為「**愛因斯坦十字**」（**Einstein Cross**）。類星體是在我們可觀測到的宇宙最外圍所出現的明亮星系，愛因斯坦十字距離地球約 80 **億光年**，紀錄中最遙遠的類星體距離我們約 127 億光年遠。愛因斯坦十字相當特殊，因為它是重力透鏡效應的最佳範例之一，而重力透鏡正是愛因斯坦提出的開創性研究。我們可以透過觀測看見四個愛因斯坦十字的影像，排列成十字交叉的形狀，這個現象是由於可見光在通往地球的過程中，受到星系的重力透鏡影響，這個透鏡現象又稱為「**赫欽拉的透鏡**」（**Huchra's lens**）。

>> 3 秒鐘摘要

我們常為紀念逝去的人而將新發現以他們命名，愛因斯坦也不例外。小行星、放射性元素與遙遠的類星體等，共同分享著這個偉大的名字。

>> 相關主題

廣義相對論的延伸應用
第 90 頁
能源
第 114 頁

“能被這麼多人認識，卻感到這麼孤單，這是一種奇怪的感受。”

Ursa Major
Leo
Orion
Pegas
Gemini
愛因斯坦十字
氫彈爆炸後的產物，鍰元素

下一位愛因斯坦

理查 ‧ 費曼

美國物理學家理查 ‧ 費曼（Richard Feynman）是**曼哈頓計畫**的積極參與者，也負責開發原子彈。他對物理學的重大貢獻主要在 1940 年代後期，他與保羅 ‧ 狄拉克（Paul Dirac）共同創建量子電動力學（quantum electrodynamics, QED）：主要為解釋電磁場與帶電粒子間的相互作用。費曼也是一位個性鮮明的怪人與極富**原創性**的思想家。不僅如此，他與愛因斯坦也都在語言學習方面相當遲緩，費曼直到三歲才開口說話。也許這就是為什麼他們都喜愛通過圖像思考解決物理問題，如愛因斯坦的假想實驗，而費曼則利用**圖形系統**簡化複雜的量子理論計算。

史蒂芬 ‧ 霍金

大多數人公認的**愛因斯坦繼承者**就是坐在輪椅上的英國物理學家——史蒂芬 ‧ 霍金（Stephen Hawking）：他不僅是一位天才，也一直專注在愛因斯坦感興趣的領域——重力和宇宙學，並在 1970 年代發現黑洞會輻射出量子粒子的現象。他對時間旅行的概念有一種近乎執著的厭惡，有點類似愛因斯坦對量子理論的**不屑**。宇宙大霹靂理論啟發了霍金，他相信不僅空間有這樣「無邊無界」的特質，時間亦然，這就是所謂的**「無邊界理論」（no boundary proposal）**。霍金也一直試圖找出統一的理論，來解釋重力以及宇宙學中存在許久的問題。

愛德華 ‧ 威滕

美國物理學家愛德華 ‧ 威滕（Edward Witten）或許不是一位家喻戶曉的人物，但許多物理學家公認他是現今最偉大的物理學家之一。威滕對於弦論與 **M 理論**皆有開創性的貢獻，包含 1995 年制定的理論：用高維度的薄膜態取代一維的弦；他的研究重心主要在建構統一模型與尋找量子重力理論。威滕在 1990 年得到**數學菲爾茲獎（Fields Medal of mathematics）**，2002 年獲頒美國國家科學獎章（US National Medal of Science），並在 2010 年得到了牛頓獎章（Isaac Newton Medal）的肯定，當然還有許多不及備載的榮譽，也常有人暗示不久後諾貝爾獎也將入袋。更讓人驚嘆的是，年輕時的威滕並不是物理學家，而是一名記者，一直到二十出頭的年紀，威滕才真正開始**從頭認識物理學**（他父親的專業）。

>> 3 秒鐘摘要

繼愛因斯坦之後，二十世紀仍有許多偉大的科學家，但他們的成就是否足以與愛因斯坦齊名呢？

>> 相關主題

近代統一理論
第 118 頁
相對論錯了嗎？
第 126 頁
新的黑洞
第 134 頁

> 「很多人都以為成為偉大的科學家最重要的是聰明才智，他們都錯了，真正重要的其實是人格特質。」

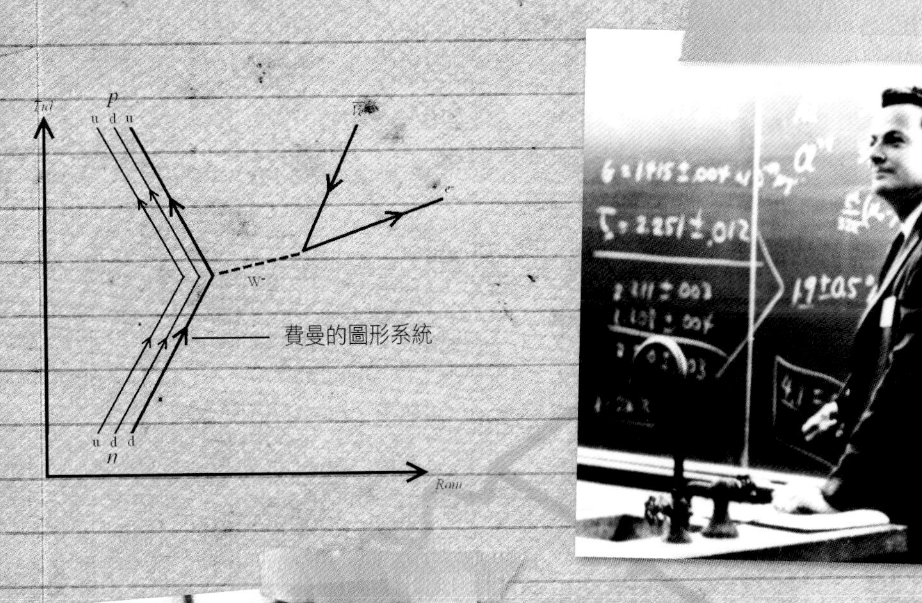

理查・費曼

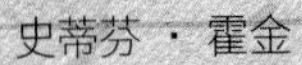
史蒂芬・霍金

愛德華・威滕

對公眾的影響力

科學名人

愛因斯坦因為廣義相對論一夕成名，他開始展開場場爆滿的巡迴演講，引發了一種新的現象——科學名人。愛因斯坦之後，很多科學家都透過演講或科普書籍與文章的寫作，讓大眾了解他們的偉大發現。相較於傳統的名人（像是演員或音樂家），科學界的名人其實更受**大眾喜愛**，不只是愛因斯坦，還有像是史蒂芬 · 霍金與大衛 · 艾登堡（David Attenborough）。因此，電視臺也大手筆地製作科學系列節目，如卡爾 · 薩根（Carl Sagan）具有里程碑意義的《宇宙》（Cosmos）系列，或英國廣播公司（BBC）令人驚嘆的《地球》（Planet Earth）。同時，科學書籍也常**高掛暢銷書排行榜**與贏得普利茲獎，也讓作者的名聲不斷攀升。

電影和電視

愛因斯坦本人的成長歷程與生活一直是許多紀錄片的主題，英國廣播公司更是製作了有名的電視劇**《愛因斯坦與愛丁頓》**（Einstein and Eddington），主要介紹廣義相對論的公式，以及敘述英國天文學家愛丁頓透過測量日蝕證實了廣義相對論的故事。不過，這部電視劇也受到一些科學史家。喜劇電影**《愛神有約》**（I.Q.）與**《少年愛因斯坦》**（Young Einstein）更是以個人發想的觀點描述愛因斯坦的人生。影集《銀河飛龍》（Star Trek: The Next Generation）中的生化人指揮官百科（Data），更是創造了愛因斯坦、牛頓和史蒂芬 · 霍金的全像影像進行終極的撲克遊戲。而愛因斯坦的面容（尤其是眼睛）更是雕塑家的**靈感來源**，創造出 ET 以及《星際大戰》（Star Wars）中的尤達（Yoda）。

音樂

愛因斯坦的影響力甚至擴展到音樂領域，成為許多歌曲創作的基礎。這些作品包括**〈去去愛因斯坦〉**（Einstein A Go Go，英國樂團 Landscape 創作於 1981 年）、〈$E=MC^2$〉（由 Big Audio Dynamite 創作，還有〈夸克、奇異性以及魅夸克〉（Quark, Strangeness and Charm。菲利普 · 格拉斯（Philip Glass）也以愛因斯坦的生活於 1976 年創作了抽象歌劇**《愛因斯坦在沙灘上》**（Einstein on the Beach）。愛因斯坦也在傳奇樂團披頭士的〈**Sgt. Pepper's Lonely Hearts Club Band**〉專輯封面出現。

>> 3 秒鐘摘要

愛因斯坦傳奇不只在科學界留下了長遠影響，他同時在政治、人權，甚至是大眾文化與藝術表演領域中留下足跡。

>> 相關主題

不情願的盛名
第 38 頁
下一位愛因斯坦
第 142 頁

“即使是面對酒吧的服務生，也應該能向他們解釋物理定律。”

眾人眼中的愛因斯坦

天才的同義詞

「愛因斯坦」已經成為天才的代名詞，不僅是一般人這麼認為，連牛津英語辭典也把愛因斯坦列入辭彙。他不修邊幅的外表、凌亂的頭髮、偶爾調皮的表情，讓他成為典型的**聰明卻心不在焉**的教授形象。電影中**瘋狂卻可愛的科學家**角色就往往以愛因斯坦為原型，例如《回到未來》裡面的埃米特 · 布朗博士（Emmett Doc Brown）或《布偶歷險記》（Muppets）裡的邦森博士（Dr. Bunsen Honeydew）。愛因斯坦蓬亂的外表、直率的性格以及從不矯柔做作的特質，都是人們喜愛他的原因。

相對主義

愛因斯坦的相對論與後來被稱為的「相對主義」（relativism）恰好發生在同一時期。當被視為真理的牛頓剛體定律（解釋運動和重力）被狹義相對論打破，此時的世界也仍為**僵化**的社會風氣主導，於是相對主義崛起，而其核心精神正是拒絕相信絕對的真理。二十世紀初的第一次世界大戰之後，接著是俄國革命與大罷工，那是一段社會劇烈動盪的年代，不只是社會秩序轉變，新時代的科學（不只是相對論，還有量子理論和弗洛伊德的心理學）、藝術新思維、文學和音樂上都有所變革。愛因斯坦正是這個**動盪年代下的產物**。

造謠生事

一如所有名人，愛因斯坦的私生活也變成八卦主題之一，其中不少都是毫無根據的捏造。最常被提及的就是愛因斯坦在學生時期並**不擅長數學**。雖然這也不完全錯誤，因為他在蘇黎世理工學院時期的數學考試確實表現不佳，不過若是綜觀整個學生時期，愛因斯坦的數學表現可說是相當好。另一個熱門的八卦，愛因斯坦的第一任妻子**梅麗奇**才是狹義相對論的主要作者。梅麗奇的確是一位稱職的物理學家與數學家，也協助檢查愛因斯坦許多數學計算，不過根據歷史學家的考證，狹義相對論主要想法完全來自愛因斯坦。更有八卦相傳愛因斯坦曾與**瑪麗蓮 · 夢露**互有情愫。雖然愛因斯坦有過許多婚外情，但夢露絕對不是其中之一。

>> 3 秒鐘摘要

愛因斯坦本人、私生活以及工作與大眾文化交織在一起。人們對他的一切非常感興趣，甚至出現了一些低俗不實的八卦。

>> 相關主題

蘇黎世理工學院
第 28 頁
美麗的心靈
第 44 頁

> **“世上最難理解的事就是所得稅。”**

1939 年，愛因斯坦

瑪麗蓮 · 夢露

文化遺產

愛因斯坦和平獎

愛因斯坦積極地推動世界和平，特別是當晚年的他親眼看過原子彈造成的毀滅性破壞之後。1979 年，在愛因斯坦**百歲誕辰紀念日**上，他的委託人宣布愛因斯坦和平獎基金會（Albert Einstein Peace Prize Foundation）成立。它首先建立了 5 萬美元的年度獎項，以愛因斯坦的**和平理念**為基礎，表彰當年度**對世界和平貢獻最大的人**。曾經獲得此獎項者包括裁撤核武軍備的加拿大前總理皮埃爾・特魯多（Pierre Trudeau）、促進東西德和平談判的前西德總理維利・勃蘭特（Willy Brandt），以及促進削減核武軍備的活躍分子約瑟夫・羅伯拉特（Joseph Rotblat）。

希伯來大學

長期以來，抱持猶太復國主義的猶太人希望能在自己的家園建立大學，而**耶路撒冷希伯來大學**（**Hebrew University of Jerusalem**）終於在 1925 年成立，愛因斯坦是第一屆的董事會成員。在他去世後，愛因斯坦把**所有論文**留給希伯來大學，不僅如此，未來所有涉及愛因斯坦著作權與肖像權的出版物都必須支付權利金給希伯來大學，而他的照片由 Corbis 圖片代理全權管理。希伯來大學也負責維護愛因斯坦檔案館，其中保存愛因斯坦的信件與相關著作，為總數超過**四萬份的文件**。愛因斯坦檔案館與位於加州的愛因斯坦論文管理協會合作緊密，積極整理愛因斯坦的文獻，總共二十五本書冊，其中有十冊已由普林斯頓大學出版社出版。

愛因斯坦獎章

愛因斯坦獎章是個年度獎項，頒發給在愛因斯坦相關研究領域中貢獻良多的物理學家。第一位獲獎的科學家是 1979 年英國劍橋大學的史蒂芬・霍金，其後的獲獎者還包括愛德華・威滕和約翰・惠勒（John Archibald Wheeler，費曼的導師）。該獎項由位在瑞士伯恩的**愛因斯坦協會**（**Albert Einstein Society**）頒發，1903 到 1905 年之間愛因斯坦一家人居住在伯恩，而這裡也就是他發表狹義相對論的地方。愛因斯坦的舊公寓位在伯恩的克拉姆街（Kramgasse）49 號 2 樓，是個非常受歡迎的觀光景點，目前仍保持愛因斯坦與第一任妻子梅麗奇居住時的樣貌，光是 2009 年的**參觀者**就超過三萬人次。

>> 3 秒鐘摘要

我們設立了愛因斯坦獎項、公開了他的信件，那個讓寫下 $E=MC^2$ 的地方成為了博物館。愛因斯坦離開後，這世界仍繼續因他而變得豐富。

>> 相關主題

活躍分子
第 54 頁
下一位愛因斯坦
第 142 頁

> 「為別人付出的人生才是有意義的人生。」

耶路撒冷希伯來大學

愛因斯坦獎章

世界的新秩序

聯合國

愛因斯坦統一物理的願望也反應在他對**世界和平**的願景。他認為只有統一世上所有的國家、建立**單一政權**才能達到真正的世界和平。當然建立統一的世界政府是最理想的狀態，但愛因斯坦也很清楚這有些不切實際，因此他呼籲成立一個「超越國家的組織」，這個組織必須凌駕民族國家與軍事政權之上，而這些畢竟正是製造衝突、破壞和平實現的主因。1945 年，聯合國在第二次世界大戰結束後成立，某種程度上便是一個實現「**世界政府**」目標的方式，不過愛因斯坦認為聯合國缺乏真正有效的權力和獨立性。

全球化

愛因斯坦的「一個世界」理念，在隨著**網際網路**的興起又往前邁了一大步，全球化再也不是夢想。越來越多的人透過網路彼此交流，例如在臉書互動、購物、看新聞、玩遊戲，甚至建立企業；這些使民族國家分裂的邊界正在**瓦解**。網路上的「地球村」裡，不管你實際在哪裡生活都不重要。因此，相關網路活動的法律也正緩慢而穩步地改變。從網路開始的革命也逐漸蔓延到現實世界，影響了文化、企業、觀念以及未來的發展趨勢，最重要的是這些改變不是單一區域的現象，而是**全球共通**。

民主崛起

愛因斯坦經歷了近代歷史上最黑暗的時期之一：第一次世界大戰時德國納粹的暴行與接下來的冷戰，種種人類自相殘殺的行為，在核武出現後更是達到高峰。在愛因斯坦人生中的最後十年，他花了大部分的時間爭取和平，更為**言論與個人自由**奮戰。近年來，儘管恐怖主義與某些流氓國家的行動仍然威脅著當前的和平，不過他為之奮鬥的信仰似乎在世界許多角落逐漸開枝散葉。回溯到 1972 年，當時僅只有 40 個國家實行自由民主制度，大約占地球國家總數的 20%；2007 年，民主國家的數目已經上升到 123 個，超過了總數的 **60%**。愛因斯坦若是有靈，想必會為此成果感到自豪。

>> 3 秒鐘摘要

愛因斯坦將他的餘生投入追求統一，不只是物理，他也希望世界統一。時至今日，我們擁有聯合國、網際網路以及民主自由，愛因斯坦的理想終將開枝散葉。

>> 相關主題

活躍分子
第 54 頁
統一場論
第 100 頁

“唯一能讓人類種族與文明生存的方法：建立統一的世界政府。”

愛因斯坦造訪位於
費城的一所高中

瑞士日內瓦，聯合國總部

時間表

1932

物理學家卡爾 · 安德森（Carl Anderson）首度發現反物質粒子。當相對論應用於次原子粒子理論時亦預測了反物質的存在。

1945

當第一顆原子彈投至日本廣島時，$E=MC^2$ 以最真實且恐怖的方式被證實了。

1947

物理學家威廉・蕭克立（William Shockley）與其同事發明電晶體（transistor），如今數以百萬計的微晶片都裝有電晶體。電晶體的組成為利用半導體物質，而愛因斯坦在 1905 年協助發展半導體理論。

1956

將原子的力量以和平方式應用的例子，就是位於英國克得霍爾（Calder Hall）的全球首座核能發電廠。

1957

查爾斯 · 哈德 · 湯斯（Charles Hard Townes）因愛因斯坦的理論進而發明了激發原子的雷射。如今雷射的應用幾乎在日常生活的各個角落，如通訊與藍光播放器。

1961

修改自廣義相對論的純量－張量理論，此理論發展自美國物理學家羅伯特 · 迪克（Robert Dicke）和卡爾 · 布蘭斯（Carl Brans）。

1969

弦論的雛形由義大利理論物理學家維納齊亞諾（Gabriele Veneziano）提出。部分科學家認為弦論是最有機會讓愛因斯坦夢想中的統一場實現的理論。

1974

霍金教授在劍橋大學利用量子理論描述黑洞如何發散出輻射，而讓黑洞「不是那麼黑」。

1982

法國物理學家阿蘭．阿斯佩（Alain Aspect）組成的法國研究團證明量子糾纏確實存在。量子糾纏為一種對量子理論的現象預測，由愛因斯坦為了顯示量子理論荒謬而提出。

1986

由基恩教授（Kip Thorne）帶領的加州理工學院研究團隊展示如何將蟲洞（由愛因斯坦與其同事發展）當作回到過去的時光機器。

1994

來自威爾斯大學卡地夫學院（University of Wales, Cardiff）的物理學家格爾．阿爾庫別雷（Miguel Alcubierre）發展出「曲速引擎」的理論模型，依照此模型所建的太空船可加速至超光速。

2008

位於瑞士和法國邊境的大型強子對撞機首度啟用。若世上真有實驗可證明自然界眾多作用力能各自統一，那就非大型強子對撞機莫屬了。

專有名詞

反物質
Antimatter

與正常物質有相反性質的次原子粒子。當物質遇到其反物質時，二者會完全轉換成能量。

小行星
Asteroid

在太陽系形成後所遺留下來的岩石碎塊，這些小行星仍持續繞著太陽打轉。

大霹靂
Big Bang

137 億年前造成宇宙形成的事件。

位元
Bits

儲存資訊的二進位元，以 0 或 1 表示。

玻色子
Boson

一種次原子粒子，其粒子自旋數為整數，如 0、1、2、3 等等。

化學元素
Chemical element

任何物質皆以原子為基本組成，不同元素則由原子內不同質子數區分。

宇宙射線
Cosmic ray

來自外太空、具高能量的次原子粒子。

電弱理論
Electroweak theory

電弱理論統一了弱力與電磁力。其中弱力為原子核中的作用力，是原子會產生放射性質的來源。

費米子
Fermions

一種次原子粒子，其粒子自旋數為分數，如 1/2、3/2、5/2 等等。

重力紅移
Gravitational redshift

根據廣義相對論，當光喪失能量以翻越重力場時，頻率會降低而偏向光譜中的紅色。

雷射
Laser

一種同時滿足頻率集中（單一波長）與同調性（光波同一相位）的光源。

光年
Lightyear

光行進一年所走的距離，相當於 9.5×10^{12} 公里。

核分裂
Nuclear fission

質量重的原子核分裂所產生的能量。

核融合
Nuclear fusion

質量輕的原子核相結合所產生的能量。

量子糾纏
Quantum entanglement

一對量子粒子在相距相當遠的距離仍保持聯繫的方式。

量子重力
Quantum gravity

廣義相對論為描述宇宙的重力理論；而在大霹靂理論下誕生的宇宙曾經比一個原子還小。因此應該存在一種量子重力理論以描述這樣情況下的宇宙形態。但目前物理學家仍努力地尋找這項理論。

量子位元
Qubits

儲存資訊的量子位元，資訊可同時為 0 或 1。此觀念正應用於建造量子電腦。

相對論中的悖論
Relativity paradox

愛因斯坦相對論中所出現的矛盾現象。悖論通常會出現在理論不夠完備時。

標準模型
Standard model

目前自然界中基本作用力與粒子物理的模型，但因為無法結合重力而仍不完備。

受激輻射
Stimulated emission

當光從原子激發出來的過程，此光線符合頻率集中與同調性的性質。最早由愛因斯坦提出，並催生了雷射的發明。

弦論
String theory

粒子物理學統一理論中的一項理論。其中粒子由微小振動的環組成。

超新星
Supernova

一種恆星衰亡時所產生的巨大爆炸，該恆星質量極高，為太陽的好幾倍。

超對稱
Supersymmetry

次原子粒子分為兩大類，費米子與玻色子。超對稱理論認為每一個費米子都會配上一個玻色子，反之亦然。

拓撲學
Topology

數學中的分支學門，敘述空間中或表面上的點如何與其他點連結。

曲速引擎
Warp drive

一種理論上將空間伸縮變形以達到超光速旅行的方式。

蟲洞
Wormhole

一種在宇宙中能穿越空間的隧道捷徑。

3 分鐘看愛因斯坦

早期生活

1879 年 3 月 14 日，愛因斯坦在德國烏爾姆市出生。雖然語言能力發展遲緩，但他逐漸成長為一名聰明的孩子，也開始在數學與科學方面發展濃厚的興趣，十歲時已大量閱讀優秀的科普書籍。1896 年，愛因斯坦進入蘇黎世理工學院。但他是一名**聰明絕頂卻十分懶惰**的學生，只在自己有興趣的科目下工夫，最後以倒數第二名的成績畢業。這也意味著他難以取得任何學術研究的工作，因此他接下了瑞士專利局**技術專家**的職位。在蘇黎世理工學院就讀時，愛因斯坦遇見梅麗奇並墜入愛河。他們在 1903 年結婚，育有三子。

黃金時期

愛因斯坦仍繼續在空閒時間進行科學研究。1905 年，一切的辛苦終於得到收穫，該年他共發表四篇論文，每一篇都可謂是在物理界投下震撼彈。這四篇分別討論：光電效應（太陽能板的基礎理論）；狹義相對論（描述物體運動速度接近光速的新理論）；$E=MC^2$（描述相對論的推論結果）；最後一篇則探討布朗運動。即便如此，愛因斯坦還是在三年後才獲得他的第一份學術研究工作，他成為了伯恩大學的固定講師。不過，很快地他便在 1914 年得到在柏林大學任教的機會。1915 年，愛因斯坦發表了**廣義相對論**，該理論解釋了重力如何形成時間與空間的彎曲。1919 年，廣義相對論獲得了實驗的證實。然而，愛因斯坦的私生活卻不盡理想，1914 年他與梅麗奇分開，並在五年後離婚。

晚年生活

1919 年，愛因斯坦與艾莎結婚。在廣義相對論的證實之下，他很快地變成**家喻戶曉**的名人。1921 年的諾貝爾獎與各種獎項，也讓他開始進行一連串場場爆滿的演講。自此之後，愛因斯坦將晚年大多的時間花在追尋**統一**重力與電磁力，但仍無所獲。在他激烈地反對古怪的量子理論之後，中年時期的愛因斯坦對科學的評論轉而趨向保守。1930 年代，在歐洲納粹勢力成長之下，身為猶太人的愛因斯開始**流亡**。最後，他定居於紐澤西的普林斯頓，除了繼續他的研究也開始進行和平運動，並在 1945 年原子彈釋放之後更加積極。**1955 年 4 月 18 日**，愛因斯坦因動脈瘤破裂導致腦溢血，就此長眠。

> “科學領域建立的種種奇妙發現與科技應用，幾乎定義了我們這個時代。誰能不因為這些發展而興奮？但別忘了，空有知識與技巧，無法引領人類擁有幸福及具有價值的生活……人類所欠缺的是如同佛陀、摩西或耶穌的特質，對我來說，那些高於人類的求知與建設腦袋所成就的一切。”

1910 年的
愛因斯坦

1947 年的
愛因斯坦

參考資料與致謝

書籍

A Brief History of Time
Stephen Hawking
Bantam Books, 1995

The Collected Papers of Albert Einstein
Albert Einstein et al.
Princeton University Press, 1987

Driving Mr Albert: A Trip Across America with Einstein's Brain
Michael Paterniti
Dial Press, 2001

Einstein: His Life and Universe
Walter Isaacson
simon & schuster, 2007

Einstein's Daughter
Michele Zackheim
Riverhead Books, 1999

Einstein's Miraculous Year
Roger Penrose, Albert Einstein,
and John Stachel
Princeton University Press, 2005

The Elegant Universe
Brian Greene
Vintage, 2000

The God Particle: If the Universe is the answer, what is the question?
Leon Lederman
Mariner Books, 2006

The Grand Design
Stephen Hawking
Bantam, 2010

Quantum: A Guide for the Perplexed
Jim Al-Khalili
Weidenfeld & Nicolson, 2004

The Quantum Frontier: The Large Hadron Collider
Don Lincoln
Johns Hopkins University Press, 2009

Physics of the Impossible
Michio Kaku
anchor books, 2009

The World As I See It
Albert Einstein
filiquarian publishing, 2007

Why Does E=mc2?
Brian Cox and Jeff Forshaw
Da Capo, 2010

雜誌與文章

"Beyond Einstein"
Scientific American, September 2004
www.scientificamerican.com

"Dark Energy: Was Einstein right all along?"
New Scientist, December 3, 2005
www.newscientist.com

"Einstein [In a nutshell]"
Discover, September 2004
www.discovermagazine.com

"Einstein's Blunders"
Focus, July 2010
www.bbcfocusmagazine.com

"Person of the Century"
Time, June 14, 1999
www.time.com

網站

The Albert Einstein Society
http://bit.ly/cXhtql

American Institute of Physics Einstein Exhibit
www.aip.org/history/einstein/

Einstein Archives Online
www.alberteinstein.info

Einstein Papers Project
www.einstein.caltech.edu

Einstein speaking on YouTube
http://bit.ly/dc4Hz3

Large Hadron Collider
www.lhc.ac.uk

LISA gravitational wave observatory
http://lisa.nasa.gov

What it looks like to fall into a black hole
http://bit.ly/anFlur

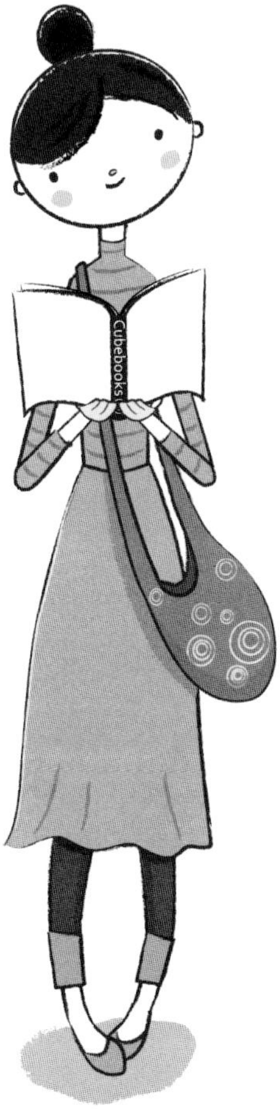
Cubebooks

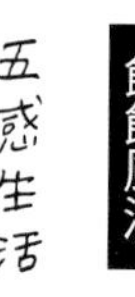

deSIGN+ wellness

CUBEPRESS, All Books Online
積木文化・書目網

cubepress.com.tw/list